人生八味

rensheng bawei

唐汶◎编著

九州出版社
JIUZHOUPRESS

图书在版编目(CIP)数据

人生八味 / 唐汶编著. —北京:九州出版社,2007.9

ISBN 978-7-80195-709-2

Ⅰ. 人… Ⅱ. 唐… Ⅲ. 人生哲学—通俗读物

Ⅳ. B821-49

中国版本图书馆 CIP 数据核字(2007)第 129097 号

人生八味

作　　者 唐 汶 编著

责任编辑 魏 非　　　　责任校对 艾 妮

出版发行 九州出版社

地　　址 北京市西城区阜外大街甲 35 号(100037)

发行电话 (010)68992190/2/3/5/6

网　　址 www.jiuzhoupress.com

电子信箱 jiuzhou@jiuzhoupress.com

印　　刷 南阳印刷有限公司

开　　本 670×970 毫米　16 开

印　　张 18

字　　数 200 千字

版　　次 2007 年 10 月第 1 版

印　　次 2007 年 10 月第 1 次印刷

书　　号 ISBN 978-7-80195-709-2/B·225

定　　价 22.80 元

序　一

依　萍

泡一杯浓茶，细细地品味一下人生，是一件很惬意的事情。

有人说，生活是一本打开的书，一百个人有一百种读法，那么人生则是一幅展开的画，一百个人，自然也就有一百种感受。但是正如品茶要品出滋味一样，读书也要读出品味。品味人生，总不免有所感触，或长叹，或欣然，感触愈多，收获愈多。《三字经》、《增广贤文》便是无数人，经过数代的经验品味出来的人生哲理。

所谓仁者爱人，智者知人。一杯浓茶，品味人生，在这里，就成为了一种智慧：退一步海阔天空，是忍让，是宽心；知足者常乐，是平衡，是清心；滴水穿石、铁杵成针，是专心、是耐心。其实，无论这世间事物如何变化，只有这人，才是最有品赏价值的，而品赏出来的人性，更是永恒的。

不同的茶，泡出不同的口味，溢出不同的茶香，犹如人之爱心、虚心、清心、诚心、信心、专心、耐心、宽心，蕴含人之一生的哲理。在这书里，我们以一个个智性十足的生活小故事，细味绵长道诉人生的真谛。相信在这些耳熟能详的词汇中，在这司空见惯的生活琐事中，读者自会有一番仁智见解。因为，我们相信，从书本中可以读出思想，从人性中则可以品出文化。

人生味

在阴沉而窒息的空气里，泡一杯茶，坐在窗台下。五月的柳树，幽淡、素洁！

泡一杯茶，透过玻璃，看被开水冲腾地上下翻滚的茶叶。正如人，为生活而到处劳碌的人！如父母日渐深陷的眼睛，如我们日渐粗糙的手……

小雨下得淅淅沥沥，凉意浸湿了疲惫的身心，涌出了酸楚的眼眶！喝一口色浓味苦的茶！慢慢咽下，咽下，咽下！

序 二

晓 笛

没有吸烟的习惯，可我喜欢品茶，尤其是酽茶。端起杯，轻轻吹去漂浮的茶叶，望着那浓浓的汤液，看着那冉冉升起的缕缕白气，仿佛进入了一个飘然的梦境；轻啜一口，微微的苦涩，浓浓的清香，通体的疲倦荡然无存，诸多的烦恼悄然远逝，遐思也飘远了。

品味人生的滋味亦如同一杯浓浓的茶。少年，初识愁滋味的季节，成长的岁月浸透了淡淡的苦涩；青年，一段如火如荼的季节，亮丽的青春总有那么几抹灰色；中年，阅历人生的坎坷，趋向成熟的岁月，双肩扛起沉重的包裹；老年，饱尝了岁月的风霜雨雪，怀念已逝的青春韶华总难免酸涩。人生，不正如那一杯捧在手里的茶吗？或许唯有天真无邪的童年才如同一掬可人的清泉吧！

是的，今天有今天的烦恼，明天又有明天的困惑，或许没有这些就没有人生了。人生的苦不是酒，酒让人沉醉不解愁；人生的苦恰如茶，痛苦中给你警醒，给你希望，淡淡的苦涩蕴蓄着清香。

有人说，错过的即使是太阳也别懊悔，悔时月亮也会错过，再悔时，你将连星星一并错过。既然走过，就别再徘徊，别再为闪在背后的风景懊悔，多向前看，更美的风景还在眼前！瞧！太阳又出来了，天不是又放晴了吗？你的那方天空难道会永远阴云密布？生活就要为了生存和进取而努力。别拒绝人生给予的那份苦涩，因为这苦涩中孕育着成功的希望。

人生就是一杯浓茶：端起杯来，有轮旭日、有弯新月、有满天的星星就浸泡在茶里呢！抿一口，咂咂嘴儿，满口的太阳味儿、月亮味儿、星星味儿！

人生之旅是一段磨炼性格的路，人生之旅是一杯茶，把真诚与执著挥洒在人生路上，浸泡进人生这杯茶里，那苦涩何尝不是满口的清香呢？

阴晴圆缺，是月的轮回；悲欢离合，是人生的纠葛。既然要生活，我们就不拒绝人生的苦涩，既然要生活，我们就继续拥抱那份执著！

莎士比亚曾经说过“人生如舞台”。在人生这个舞台上，有前台有后台，前台看起来是那么的漂亮，却不知道后台的辛酸！前台，该唱的唱得五音不乱，该说的说得字正腔圆，该演的演得淋漓尽致……却不知道后台，脱下那一身的假面具，又是一副什么样的面孔，那才是人的真面孔……品味心境，品味人生……

人生如同独酌一杯浓浓的、酽酽的茶，意味深长悠远。

目录

第一味：爱心

用爱融化，用心感恩

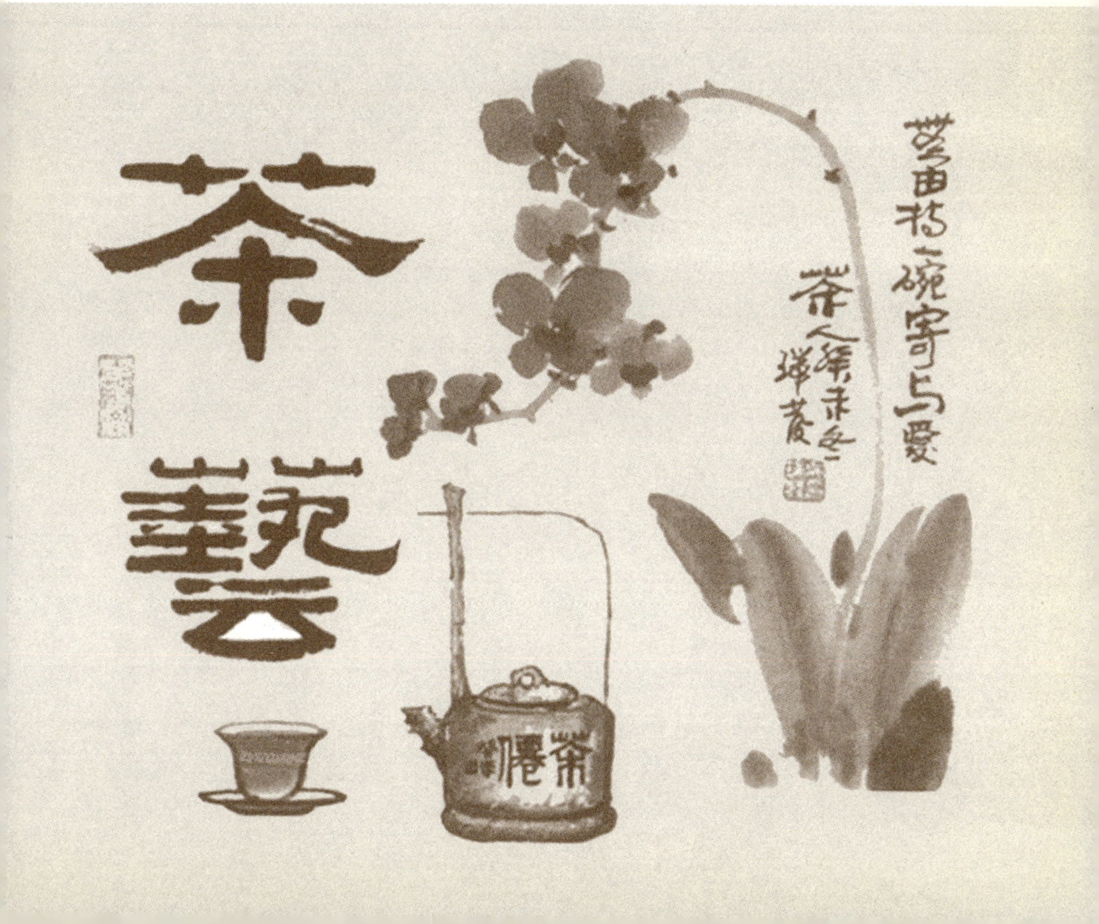

01. 用爱融化冰冷的心

给人关爱，给人以方便，给人以欢乐，给人以希望。

用爱融化

想象张开了翅膀
我放飞着心情在孤寂的夜里
人间迷漫着虚伪
真实的天空在现实中显得那般苍白
人儿呀摘下你的面具
让你我真心换真心
太阳呀散发你的光芒
驱散人世间的阴霾
将痛苦伤心通通抛弃
拿出自己的爱心温暖他人的心
让欢声笑语充满人间
用爱去融化冰冷冷的心

人心是稚嫩的，犹如娇嫩的花朵，需要阳光沐浴；犹如发芽的小草，需要雨露滋润；犹如刚栽好的小树，需要细心栽培。因而我们要用爱来呵护脆弱的心，用爱来融化冰冷的心。

有一个老师带一个班，班里大部分孩子都比较活跃，能够与别人交流，融入到孩子们中间去。但是也有一小部分孩子性格比较内向、封闭，不愿让别人闯入他们那一方净土。他们总是害怕别人伤害自己，把自己厚厚地包裹起来，对别人表现出冰冷的一面。面对这些孩子，让很多老师头痛，不知道如何化解他们心中的寒冰。

有位老师有自己的办法，她知道冰冷的心要用爱来感化。每次组织活动，她都主动上前拉那些孤僻的学生一起参与。他们开始是一副漠然的样子，爱理不理。不说高兴，也不说不高兴。但是久而久之，他们都被老师的热情和关怀感动，开心的融入到集体中来。

但是里面有个女生，号称"冷美人"，还是不愿理睬人，于是这位老师就从每天早上的接待着手。每天早上她总是笑眯眯地迎接他们一家的到来，跟她道声"早上好，宝贝"。她的爸爸妈妈也很热情地催促她说："快，快跟老师说早"，可是"冷美人"就是不领情，一声不吭地走到自己的座位上，自顾自地玩起来。

但是这位老师并没有失望，仍然一如既往地热情接待。随着时间的延长，她的一颗爱心终于打动了那颗冰冷的童心。平时会一脸冷漠走开的"冷美人"，可从某一天开始，竟会咧嘴一笑，虽然笑容很快就消失的无影无踪。变化虽然不明显，但犹如给老师注射了兴奋剂一样，浑身充满了力量，信心十足。于是她又坚持不懈用自己的热情感染她，在这种长期的、坚持不懈的努力下，冰冻的小河慢慢地融化了。现在的"冷美人"虽然话还不多，但相互一笑并不少见了。

一个老师用她的暖暖爱心，融化了一颗冰冷的心，这颗心从此也被爱所占据，驱散了阴霾，驱散了寒冷。爱心可以温暖别人，也可以温暖自己。正如"用爱融化"这首小诗中说的，拿出自己的爱心温暖他人的心，让欢声笑语充满人间，用爱去融化冰冷冷的心。

02. 用心感恩

用心感恩，从今天开始。

我常觉得，生命是一项奇迹。一株微不足道的小草，竟开出像海洋一样湛蓝的花。一双毫不起眼的鸟儿，在枝头唱出远胜小提琴的夜曲。在山里完全没有人看见的地方，一颗大树几千年自在地生长。在冰雪封冻的大地，仍有许多生命在那里唱歌跳舞，保有永不枯竭的暖意。当我们在星夜里，抬头望向无限的天际，感于宇宙之大真要叫人落泪。这宇宙里有无数的星球，我们的地球在星球之中有如整个海岸沙滩的一粒沙，那样不可思议的渺小。但在这样渺小的地方，有着生命、有着爱、有着动人的歌声，这样落实下来，就感到人是非常壮大而庄严的，生活在我们四周的生命也一样的庄严而壮大。

感恩的心是爱心，学会感恩的人，才会让爱的阳光充满心灵的每一个角落，用心感恩，感悟生命，感恩快乐。能够常常被生命中的平凡小事感动得热泪盈眶的人，他有着怎样细腻的爱心。感恩是一种处世哲学，是生活中的大智能。人生在世，不可能一帆风顺，种种失败、无奈，都需要我们勇敢地面对、旷达地处理。当你一味地埋怨生活，爱心会从你身上一点点减少；当你充满感恩的心，你的爱心才会保鲜，才会成长。

心存感恩。对父母心存感恩，因为他们给予我生命，让我健康长成，肯一次次牵扶，让我在远离家乡的地方放飞理想；对师长心存感恩，因为他们给了我教诲，让我抛却愚昧，懂得思考，在工作的历程中实现自我；对兄弟姐妹心存感恩，因为他们让我在这尘世间不再孤单，让我知道有人可以和我血脉相连；对朋友心存感恩，因为他们给了我友爱，让我在孤寂无助时倾诉、依赖，看到希望和阳光。感谢曾帮助过我的人，他们用暖暖的心灯让我发现生命是如此丰厚而富有；感谢肯接受我帮助的人，他们用淡淡的柔弱让我可以把这份良善续延。

今天，你学会感恩了吗？如果有，请继续保持一颗感恩的心，并在别人遇到困难的时候，伸出援手用爱心去帮助他；如果还没有的话，请记住用心感恩。

一个生活贫困的男孩为了积攒学费，挨家挨户地推销商品。他的推销进行得很不顺利，傍晚时他疲惫万分，饥饿难耐，绝望地想放弃一切。

走投无路的他敲开一扇门，希望主人能给他一杯水。开门的是一位美丽的年轻女子，她笑着递给了他一杯浓浓的热牛奶。男孩和着眼泪把它喝了下去，从此对人生重新鼓起了勇气。许多年后，他成了一位著名的外科大夫。

一天，一位病情严重的妇女被转到了那位著名的外科大夫所在的医院。大夫顺利地为妇女做完手术，救了她的命。无意中，大夫发现那位妇女正是多年前在他饥寒交迫时给过他那杯热牛奶的年轻女子！他决定悄悄地为她做点什么。一直为昂贵手术费发愁的那位妇女硬着头皮办理出院手续时，却在手术费用单上看到这样几个字：手术费=一杯牛奶。那位昔日美丽的年轻女子没有看懂那几个字，她早已不再记得那个男孩和那杯热牛奶。然而，这又有什么关系呢？

感恩是什么？感恩，是结草衔环，是滴水之恩涌泉相报；感恩，是一种美德，是一种境界；感恩，是值得你用一生去等待的一次宝贵机遇；感恩，是值得你用一生去完成的一次世纪壮举；感恩，是值得你用一生去珍视的一次爱的教育；感恩，不是为求得心理平衡的喧闹的片刻答谢，而是发自内心的无言的永恒回报；感恩，让生活充满阳光，让世界充满温馨。

03. 对面的灯光

生命的充盈和匮乏完全在于一个人的爱心，爱是真实的温暖和光明，人生的真谛便是爱心真谛。

有一个小男孩因为车祸失去了双腿，巨大的灾难压在了他身上，他觉得世界一片黑暗，从此，他意志消沉，常常隔着玻璃窗看别的孩子跑来跑去，而他只能痛苦地坐在里面。

他有一个当教师的姐姐，说了许多话语来劝导他、安慰他，拿来许多的书让他看，想让他能从学习中忘掉痛苦，可是对他毫无用处，他厌恶地把书都扔了。他姐姐看在眼里，急在心里。

有一天晚上，姐姐满脸兴奋地对他说："看对面的房子。"

弟弟不解地看着："不过有一盏灯。"

"你知道里面住的是谁吗？"

"不知道。"

"是一个瘫痪的小女孩，虽然她瘫痪了，可是她一点都不消沉。她非常珍惜自己的时间，努力地学习各种东西，写的文章还常常发表呢！她每天晚上要写到十一点才关灯。"

听了姐姐的话，弟弟感到羞愧，他要向小女孩学习。从此，他立志努力学习，累的时候，只要望见对面的灯光，内心就充满力量，对面的小女孩都还没睡呢！于是他继续学习……

直到有一天，他的姐姐因为救一个落水的学生，失去了自己的生命，他感到无比痛苦。姐姐，曾经帮助他重新站起来的姐姐，竟然离他而去了。他陷入了痛苦中，这时他想起了那个用一抹灯光激励自己的小女孩，我一定要去看看她！

第二天，他坐着轮椅到了对面。当找到那间房子时，他激动地敲了门，却没有人开门，过了一会儿，从隔壁出来一个老奶奶："你找谁？"

"我找住在这儿的小女孩。"

"小女孩？你找错了吧！这里从来没住人！"

"不会的，那怎么每天晚上都有灯光？""噢！那是有一个姑娘曾经租下了房子，却说不住人，只叫我每天晚上开灯，十一点再关灯。"

他听了这话，不由得流下了眼泪，喃喃地说："姐姐，是你在黑夜里为我点亮了心中的灯！"

每个人心中都有这样的一盏灯，特别是那些软弱的，不幸的，生活在痛苦阴影下的人，更需要有人用爱心在他们黑暗、迷茫的时候点亮一盏希望的灯。不要忽视自己对这个环境的影响力，也许你那些微真诚的关怀，就会给这个世界带来无限的光明。因此，我们多么热切希望和企望：朋友，不要再吝啬了，希望今后我们都能奉献出自己久藏的爱心，点亮它吧！即使那只是一点点的亮光而已，对寒冷的冬夜而言，却也是真真实实的温暖和光明。

04. 人性的温情

人生最值得回味的就是人和人之间温情的传递，欢喜“施”，感恩“受”，人间处处有温情。

20年前某日的黄昏，一名大学生模样的男孩徘徊在台北街头的一家餐店前，等到吃饭的客人都离开了，他才面带羞赧地走进店里。

“请给我一碗白饭，谢谢！”男孩低着头说。店内刚创业的年轻老板夫妻，见他没有选菜，一阵纳闷，却也没有多问，立刻就盛了满满一碗的白饭递给他。

男孩付钱的同时，不好意思地说了一句：“我可以在饭上淋点菜汤吗？”

老板娘笑着回答：“没关系，你尽管吃，不要钱！”

男孩吃饭吃到一半，想到淋菜汤不要钱，于是又多叫了一碗。

“一碗不够是吗？我这次再给你盛多一点！”老板很热情地响应。

“不是的，我要拿回去装在便当盒里，明天带到学校当午餐！”

老板听了，在心里猜想，男孩可能来自南部乡下经济环境不是很好的家庭，为了不放弃读书的机会，独自一人北上求学，甚至可能半工半读，处境的困难可想而知。于是，他悄悄在餐盒的底部先放入店里招牌的肉臊一大匙，还加了一颗卤蛋，最后才将白饭满满覆盖上去，乍看之下，以为就只是白饭而已。

老板娘见状，明白老板想帮助那名男孩，但却搞不懂，为什么不将肉臊大大方方地加在饭上，却要藏在饭底？老板贴着老板娘的耳说："男孩若是一眼就见到白饭加料，说不定会认为我们是在施舍他，这不等于直接伤害了他的自尊吗？这样，他下次一定不好意思再来。如果转到别家一直只是吃白饭，怎么有体力读书呢？"

"你真是好人，帮了人还替对方保留面子！"

"我不好，你会愿意嫁给我吗？"年轻的老板夫妻，沉浸在帮助人的快乐里。

"谢谢，我吃饱了，再见！"男孩起身离开。当男孩拿到沉甸甸的餐盒时，不禁回头望了老板夫妻一眼。

"要加油啊！明天见！"老板向男孩挥手致意，话语中透露着请男孩明天再来店里用餐的意思。

男孩眼中泛起泪光，却没有让老板夫妻看见。从此，男孩除了连续假日以外，几乎每天黄昏都会来，同样在店里吃一碗白饭，再外带一碗走，当然，带走的那一碗白饭底下，每天都藏着不一样的秘密。后来男孩毕业了，在往后的20年里，这家自助餐店里就再也不曾出现过男孩的身影。

某一天，将近50岁的自助餐店老板夫妻，接到市政府强制拆除违章建筑店面的通告，面对中年失业，平日储蓄又都给了在国外攻读学位的儿子，想到生活无依，经济陷入困境，不禁在店里抱头痛哭起来。就在这个时候，一位身穿名牌西装的人物突然来访。

"你们好，我是某某企业的副总经理。我们总经理命我前来，希望能请你们在我们即将启用的办公大楼里开自助餐厅，一切设备与材料均由公司出资准备。你们仅须带领厨师负责菜肴的烹煮，至于盈利的部分，你们和公司各占一半！"

"你们公司的总经理是谁？为什么他要对我们这么好？我们不记得认识这么一个贵人！"老板夫妻一脸疑惑。

"你们夫妻是我们总经理的大恩人和好朋友，总经理尤其喜欢吃你们店里的卤蛋和肉臊，我就只知道这么多。其他的，等你们见了面再谈吧！"

终于，那每次用餐只叫一碗白饭的男孩，再度现身了。经过20多年艰辛的创业，男孩成功地建立了自己的事业王国。眼前这一切，全都得感谢自助餐店老板夫妻的鼓励与暗助，否则，他当初根本就无法顺利完成学业。

话过往事，老板夫妻打算告辞，总经理起身对他们深深一鞠躬并恭敬地说："加油啊！公司以后还需要靠你们帮忙，明天见！"

05. 将心比心

多一份爱心，多一份和谐，多一份快乐。

母亲给我讲过这样一件事，有一次她去商店，走在她前面的年轻妇女推开沉重的大门，一直等到她进去后才松开手。当母亲向她道谢时，那位妇女对母亲说："我的妈妈也和你的年纪差不多，我只是希望她遇到这种时候，也有人为她开门。"听了母亲说的这件小事，我的心温暖了许久。

一日，我患病去医院输液。年轻的小护士为我扎了两针也没有扎进血管里，眼见针眼泛起了青包。疼痛之时我正想抱怨几句，却抬头看到了小护士额头上布满了密密的汗珠，那一刻我突然想起了我的女儿。于是我安慰她说："不要紧，再来一次！"第三针果然成功了，小护士终于叹了口气，她连声说："阿姨，对不起。我真该感谢你让我扎了三针。我是实习的，这是我第一次给病人扎针，太紧张了，要不是你的鼓励，我真不敢给你扎了。"我告诉她，我也有一个和她差不多大的女儿，正在医科大学读书。她也将有她的第一个患者，我真希望女儿第一次扎针也能得到患者的宽容与鼓励。

如果我们在生活中多点将心比心的感悟，就会对老人生出一份尊重，对孩子怀有一份怜爱，会使人与人之间多一些宽容与理解，少一些计较与猜疑。多一份爱心，多一份和谐，多一份快乐。

06. 爱是内心的声音

爱是内心最真实的声音，而不是表面的装饰。

有一位父亲存钱存了很久，终于买了一辆锃亮的新车，他非常爱这部宝贝车，每天都洗车打蜡。他五岁的儿子见父亲这么爱车，也非常兴奋地帮爸爸一起洗。父亲有这样一个儿子，非常满足，深觉这个儿子体谅为父的心。

有一天，这位父亲很累，虽然车子因为淋了雨而显得脏，但他实在太累了，心想，改天再洗车吧！五岁的儿子见父亲这么累，就兴冲冲地要帮爸爸洗车。父亲见他人小志气大，心里更加得意，便放手让儿子洗。

小儿子要洗车，却找不到抹布，他走进厨房，立时便想到母亲平常炒完菜洗锅子时，都是用钢刷使劲刷才刷干净的，所以既然没有抹布，就用钢刷吧！

他拿起钢刷用力地洗起车来，一遍又一遍，像刷锅子一样刷车。等他洗完之后，“哇！”他失声大哭，车子怎么都花了？这下惨了，他急忙跑去找父亲，边哭边说：“爸爸，对不起，爸爸，你来看！”父亲疑惑地跟着儿子走到车旁，他也“哇”的一声，“我的车，我的车！”

这位父亲怒气冲冲地走进房间，气急败坏地跪在地上祷告：“上帝呀，请你告诉我，我该怎么做？那是我新买的车，一个月不到，就变成这样，我该怎么处罚我的孩子？”

他才祷告完，心中忽然出现一个声音：“世人都是看表面，而我却是看内心！”突然间，他像是被点醒了。

他走出房门，儿子正害怕地流着泪，动也不敢动。

父亲急忙把孩子拥在怀里，并且说："谢谢你帮爸爸洗车，爸爸爱你，胜过那部车子。"

亲爱的朋友，生命中你看重什么？你懂得爱吗？

07. 有一种爱，很小

这世界多的是冷漠，少的是爱。然而一个灿烂的微笑，一个会意的眼神，一句轻声地问候也许都会让你感动。因为有爱，天使会战胜恶魔。

一个越南小村庄的孤儿院被迫击炮弹击中了，几个教职工和两个孤儿被炸死，还有几个孤儿被炸伤,其中有个约 8 岁的小女孩。

村里的人到邻近一个和美军有无线电通讯联系点的小镇去求救。小女孩伤得非常严重，如不抓紧手术，她就会休克和失血过多而死亡，要及时地给她输血，这就需和她有同种血型的献血者。护士很快给在场的人进行血型化验，结果表明，没有一个美国人和小女孩的血型相同，但有些没受伤的越南孤儿却和她血型相同。

美军护士一会儿用越南语，一会用法语，一会儿打手势，试图向这些被吓坏了的孤儿解释：如果不马上给这个小女孩输血她就必死无疑。然后，她问孤儿们，有谁愿意给小女孩献血。孤儿们听后，一个个瞪着大眼睛，一句话也不说。过了一会儿，一只小手颤巍巍地慢慢举了起来，很快又落了下来，接着又举了起来。

“啊，谢谢你，你叫什么名字？”护士用法语说道。

“恒”，小男孩答道。

护士很快把他安置到担架上，用酒精在他的胳膊上擦了擦，把针头插进他的血管里，恒一声不吭，僵直地躺着。

过了一会儿，他突然发出了一阵颤抖的抽泣，但很快将脸蒙住。“疼吗，恒？”军医问道。恒摇摇头，仍双手蒙住脸，试图不哭出来。军医又一次问是不是针头刺痛了他，他又摇了摇头。

又过一会儿，恒轻轻地哭出声来。他紧紧闭着眼睛，把拳头放进嘴里，试图止住抽泣。

军医和护士感到一定是出了什么问题，正在这时，一个越南的护士正好赶到。她看到这情景后，直接用越南语问恒到底是怎么回事。她听了恒的回答后，温柔地对他说了些什么。

过了片刻，恒停止了哭泣，抬起眼睛看着越南护士。越南护士向他轻轻点了点头，恒脸上紧张的表情顿时释然。

越南的护士看了看美军军医和护士，然后轻轻地说道：“他以为他快要死了，刚才他误解了你们的话，他以为他的血要全部输给那个小女孩呢。”

“但他为什么又愿意献血呢？”美军护士问道。越南护士用越南语把美军护士的话又给恒说了一遍。

恒回答说：“因为她是我的好朋友。”

08. 让人心不再残酷

其实，每个人的心里都藏着一种神奇的东西，被称为“爱”。

这是一个越战归来的美国士兵的故事。他从旧金山打电话给父母，告诉他们：“爸妈，我回来了，可是我有个不情之请。我想带一个朋友同我一起回家。”

“当然好啊！”他们回答：“我们会很高兴见到他的。”

不过儿子又继续下去：“可是有件事我想先告诉你们，他在越战里受了重伤，失去一只胳膊和一只脚。他现在走投无路，我想请他回来和我们一起生活。”

“儿子，我很遗憾，不过或许我们可以帮他找个安身之处。”

“不要，爸妈，我要他和我们住在一起！”

父亲又接着说：“儿子，你不知道自己在说些什么。像他这样残疾的人会给我们的生活造成很大的负担，我们还有自己的生活要过，不能就让他这样破坏了。我建议你先回家然后忘了他，他会找到自己的一片天空的。”

就在此时儿子挂上了电话，他的父母再也没有他的消息了。

几天后，这对父母接到了来自旧金山警局的电话，警方说他们亲爱的儿子已经坠楼身亡了。

警方相信这只是单纯的自杀案件。他们伤心欲绝地飞往旧金山，并在警方的带领之下到停尸间去辨认儿子的遗体。那的确是他们的儿子没错，但令人惊讶的是儿子居然只有一只胳膊和一条腿。

坦白地讲，我们大多数人和故事中的父母一样。喜爱面貌姣好或谈吐风趣的人很容易，但是要喜欢那些造成我们不便和不快的人却太难了。我们总是宁愿和那些不如我们健康、美丽或聪明的人保持距离。然而感谢上帝，有些人却不会对我们如此残酷，他会无怨无悔地爱我们，不论我们多么糟糕，他也总是愿意接纳我们。

其实，每个人的心里都藏着一种神奇的东西，被称为“爱”，你不知道它究竟是如何发生和何时发生的，但你却知道它总会带给我们特殊的礼物。你终会了解爱是上帝赋予我们最珍贵的赠与！

09. 酒的滋味

在艰难中产生的温暖最为坚固，令人刻骨铭心。

有一个富翁，年轻时家里很穷，他的父母都是农民，他从小就生存在一种饥饿和窘迫之中。节日的花衣服、过年的压岁钱、喜庆的爆竹、父母的呵护……这些本该属于孩子的专利，都与他无缘。

最使他难忘并终生感恩的是小伙伴们对他无私、真诚的帮助和呵护。只要小伙伴手里有两块糖果，肯定就会有他的一块；伙伴手里有一个馍馍，那肯定有他的一半。在贫穷和饥饿之中，还会有什么比这更宝贵的东西呢？

一眨眼30年就过去了，在这一段时间里，世界上有许多事情变了模样。此时，富翁步入中年，外出闯荡的他今非昔比。30年的奔波劳碌，摸爬滚打，富翁一路风尘地走过来了，成为一个精明的企业家。有一天，少小离家的他动了思乡之念，于是在一个艳阳高照的日子，富翁回到了家乡。

当日，他走遍全村，感谢叔伯大爷、兄弟姐妹这些年对父母的照顾，并每家送了一份礼物。夜里，富翁在自家的堂屋里摆酒请宴，赴宴者全是从小光着屁股一块长大的玩伴，他们自然也是四十几岁的中年人了。

按那里的风俗，赴宴者都要带点礼物表示谢意。大家来的时候，都带着礼物，有的还很丰厚。富翁令人一一收下，准备宴席之后，请大家带回，当然，还有自己馈赠的礼物。

正在大家热热闹闹布菜斟酒的时候，门开了，一个儿时旧友走进来。他的手里提着一瓶酒，连声说："对不起，我来晚了。"

大家都知道这个朋友日子过得很艰难，其情其景，一点儿也不亚于富翁儿时。

富翁起身接过朋友提来的酒，并把他拉到自己身边的座位上坐下，朋友的眼里闪过几丝不易察觉的慌乱。

富翁亲自把盏，他举着手里的酒瓶，说："今天，我们就先喝这一瓶，如何？"一边说，一边给大家一一倒满，然后，他们一饮而尽。

"味道怎样？"富翁问，所有赴宴者面面相觑，默不作声。旧友更是面红耳赤，低下了头。

富翁瞧了一眼全场，沉吟片刻，慢慢地说："这些年我走了很多地方，喝过各种各样的酒，但是，没有一种酒比今天的酒更好喝，更有味道，更让我感动……"说着，站起来，拿起酒瓶，又一次一一给大家斟酒。

喝完之后，富翁的眼睛湿润了，朋友也情难自抑，流泪了，原来他们喝的竟是一瓶水！朋友不以贫穷自卑，提一瓶水也要去看儿时的朋友；发迹的富翁不忘旧情，不以为忤，反而大受感动，这瓶"水酒"浸透着穿越世俗的真情。

当我们身边的人，在人生路上遇到艰难陷入泥泞之时，请伸出你的手来，把你的温暖、关怀送给他们，他们将因此而充满笑迎风雪的勇气和力量。

10. 爱的故事

爱是恒久的忍耐，爱是生命的源头。

一个失去双亲的小女孩与奶奶相依为命，住在楼上的一间卧室里。一天夜里，房子起火了，奶奶在抢救孙女时被火烧死了。大火迅速蔓延，一楼已是一片火海。邻居已呼叫过火警，但火实在是太猛了，火焰已经封住了所有的进出口，只能无可奈何地站在外面观望。小女孩出现在楼上的一扇窗口，哭叫着救命。人群中传布着消息说：消防队员正在扑救另一场火灾，要晚几分钟才能赶来。

突然，一个男人扛着梯子出现了，梯子架到墙上，人钻进火海之中。他再次出现时，手里抱着小女孩。孩子交给了下面迎接的人群，男人却消失在夜色之中。

调查发现，这孩子在世上已经没有亲人了，几周后，镇政府召开群众集会，商议谁来收养这孩子。

一位教师愿意收养这孩子，说她能保证这孩子受到良好的教育。一个农夫也想收养这孩子，他说孩子在农场会生活得更加健康惬意。

最后本镇最富有的居民站起来说话了："你们提到的所有好处，我都能给她。"

从始至终，小女孩一直沉默不语，眼睛望着地板。

一个男人从大厅的后面走上前来，他步履缓慢，似乎在忍受着痛苦。他径直来到小女孩的面前，朝她张开了双臂。人群一片哗然，他手上和胳膊上布满了可怕的伤疤。孩子叫出声来："这就是救我的那个人！"她一下子蹦起来，双手死命地抱住了男人的脖子，就像她遭难的那天夜里一样。她把脸埋进他的怀里，抽泣了一会儿，然后，她抬起头，朝他笑了。

"现在休会。"会议主持人宣布道……

11. 巨匠的爱心

越是有修养、有教养的巨匠，越是以仁爱之心待人。

20世纪20年代初，中国青年汪德耀留学法国，他非常喜爱罗曼·罗兰的作品，就给他写了一封信。没过多久，罗曼·罗兰就回了一封热情洋溢的长信，并从此和他通起信来。汪德耀非常感动，没想到罗曼·罗兰对一个普通文学爱好者的要求这样重视。

罗曼·罗兰这样做是有原因的。他当学生的时候，曾给大文豪托尔斯泰写过一封求教的信，等了三个月没见回信，就以为托尔斯泰没把他当回事。当他心灰意冷时，托尔斯泰的回信来了。原来，为了用法文直接回信，托尔斯泰一边自学法语，一边查字典，花去了整整三个月的时间。这件事深深地影响了罗曼·罗兰的人生观，他下定决心：自己以后有了成绩，一定要像托尔斯泰一样为人处事。

一个有修养、有教养的人，更要以仁爱之心待人，哪怕对方是个地位十分卑微的人，哪怕对方是个初出茅庐的乳臭小子。巨匠、大师决不会恃才傲物，决不会目中无人，决不会盛气凌人。

12. 要给别人留路

人生活在世上，不应只是关爱自己，一心只为自己。要多想想别人，要知道：给别人留路，其实就是给我们自己留路。

在一个茫茫沙漠的两边，有两个村庄。到达对方，如果绕过沙漠走，至少需要马不停蹄地走上二十多天；如果穿行沙漠，只需要三天就能抵达。但横穿沙漠实在太危险了，许多人试图横穿却无一人生还。

有一天，一位智者经过这里，让村里人找来了几万株胡杨树苗，每半里一棵，从这个村庄一直栽到沙漠那端的村庄。智者告诉大家说：“如果这些胡杨有幸成活了，你们可以沿着胡杨树来来往往；如果没有成活，那么每一个行者经过时，都将枯树苗拔一拔、插一插，以免被流沙给淹没了。”果然，这些胡杨苗全部被烈日给烤死了，成了路标。沿着“路标”，这条路大家平平安安地走了几十年。

一年夏天，村里来了一个僧人，他坚持要一个人到对面的村庄化缘去。大家告诉他说：“你经过沙漠之路时，遇到倒的路标，一定要向下再深插些；遇到就要被淹没的树标，一定要将它向上拔一拔。”僧人答应了，然后就带了一皮袋的水和一些干粮上路了。他走啊走啊，走得两腿酸困、浑身乏力，一双草鞋很快就被磨穿了，但眼前依旧是茫茫黄沙。遇到一些就要被尘沙彻底淹没的路标，这个僧人想：“反正我就走这一次，淹没就淹没吧。”他没有伸出手去将这些路标向上拔一拔。遇到一些被风暴卷得摇摇欲倒的路标，这个僧人也没有伸出手去将这些路标向下插一插。

就在僧人走到沙漠深处时，静谧的沙漠蓦然飞沙走石，一些路标被淹没在厚厚的流沙里，一些路标被风暴卷走了，没有了踪影。僧人像没头苍蝇似的东奔西走，再也走不出这大沙漠了。在气息奄奄的那一刻，僧人十分懊悔：如果自己能按照大家吩咐的那样做，那么即使没有了进路，至少还可以拥有一条平平安安的退路啊！

13. 共同的秘密

爱心不是神话，但是爱心却不仅可以创造幸福和快乐，还可以创造神话般的奇迹。

矿工下井刨煤时，一镐刨在哑炮上。哑炮响了，矿工当场被炸死。因为矿工是临时工，所以矿上只发放了一笔抚恤金，就不再过问矿工的妻子和儿子以后的生活。

悲痛的妻子在丧夫之痛后接着承受来自生活的压力。她无一技之长，只好收拾行装准备回到那个闭塞的小山村去。这时矿工的队长找到了她，告诉她矿工们都不爱吃矿上食堂做的早饭，建议她在矿上支个摊儿，卖些早点，一定可以维持生计。矿工妻子想了一想，便点头答应了。

于是一辆平板车往矿上一支，馄饨摊儿就开张了。八毛钱一碗的馄饨热气腾腾，开张第一天就一下来了十二个人。随着时间的推移，吃馄饨的人越来越多，最多时可达二、三十人，最少时也从未少过十二人，而且风霜雨雪从不间断。

时间一长，许多矿工的妻子都发现自己的丈夫养成了一个雷打不动的习惯：每天下井之前必会去吃上一碗馄饨。妻子们百般猜疑，甚至采用跟踪、质问等种种方法来探个究竟，结果均一无所获。甚至有的妻子故意做好早饭给丈夫吃，却发现丈夫仍然会去馄饨摊吃上一碗馄饨，妻子们百思不得其解。

直至有一天，队长刨煤时被哑炮炸成重伤。弥留之际，他对妻子说："我死之后，你一定要接替我每天去吃一碗馄饨，这是我们队十二个兄弟的约定。自己的兄弟死了，他的老婆孩子，咱不帮谁帮。”

从此以后，每天早上，在众多吃馄饨的人群当中，又多了一位女人的身影。来去匆匆的人群不断，而时光变幻之间唯一不变的是不多不少的十二个人。

时光飞逝之间，当年矿工的儿子已长大成人，而他饱经苦难的母亲两鬓斑白，却依然用真诚的微笑面对每一位前来吃馄饨的人，那是发自内心的真诚与善良。

更重要的是，前来光临馄饨摊儿的人，尽管年轻的代替了年老的，女人代替了男人，但从未少过十二个人。穿透十几年岁月沧桑，依然闪亮的是十二颗金灿灿的爱心。

有一种承诺可以抵达永远，而用爱心塑造的承诺，穿越了尘世间最昂贵的时光。十二个共同的秘密其实只有一个秘密：爱可以永恒！

14. 请把脚步放轻些

再细微的小事，只要有了爱心的参与，就多了几分起伏跌宕的感情冲击力，让人感动和刻骨铭心。

北大百年校庆的时候，从全世界各地来了许多在各自领域里卓有建树的北大校友。一天中午，他们中的一部分人相约去看望他们的师长，著名的“北大三老”——季羡林先生、张中行先生、金克木先生。三老的住所地处北大一隅，距离大家的聚会地有一段路程。开始的时候，大家还是有说有笑的，要去看多年未见的师长了，师长们还健朗吗？但当接近师长的住所时，所有这些蜚声中外的学者，都不由自主地放轻了脚步，停止了谈笑。他们相互交换着眼神：师长们是否正在午睡？我们不要惊扰了师长的睡眠啊。他们选派了一个人先去敲门，打听消息，其余的校友们都在较远的地方静静地等待着。去的人回来了，师长们知道学生们要来，正等着呢。校友们立刻孩子般的蜂拥到师长们的住所里，师长们的家里立刻像当年在校求学时一样的热闹起来了……

在距莫斯科不远的图拉附近，有一座庄园叫亚斯纳亚，庄园里一条不起眼的土路旁边，有一个稍稍隆出地面的小丘。这个小丘周围除了茂密的参天大树，没有其他任何明显的标志，只有不远的地方插着一块普通的小木牌。小木牌上刻着两行小字：请你把脚步放轻些，不要惊扰正在长眠的托尔斯泰！

就是这样一个极普通的小木牌，就是这样一个普通的不能再普通的小土丘，每天都吸引着全世界难以数计的人来到这里。

他们静静地站在土丘前，献上几束鲜花，表达自己由衷的崇敬。所有来这里的人，都轻轻地从小土丘前走过，仿佛担心真的惊醒沉睡中的托尔斯泰。黑格尔同样是世界文化领域里顶天立地的人物，他的墓地同样普通。在德国柏林一座极不起眼的公墓里，在杂乱拥挤的一个个坟墓中间，静静的躺着伟大的黑格尔和他的夫人。他的坟墓是 18 号，只是众多坟墓中普通的一个，与周围那些不计其数的普通平民坟墓没有任何区别。每一天来拜访黑格尔的人很多，大家都费了很多周折才找到他的坟墓，但当站在这个普通的坟墓前时，每个人的精神和灵魂又经历了一次洗礼和升华。

对于一个伟大的灵魂来说，树碑立传等用于传扬后世的方式都是多余。不论存在的形式多么普通和简易，都丝毫无损于他的伟大。

15. 10美元的爱

我们习惯用交易的方式数算着爱心，而爱是天价。

一位爸爸下班回到家，很晚了，很累，并有点烦，发现他五岁的儿子靠在门旁等他："爸，我可以问你一个问题吗？"

"当然可以，什么问题？"父亲回答。

"爸，你一小时可以赚多少钱？"

"这与你无关，你为什么问这个问题？"父亲生气地说着。

"我只是想要知道，请告诉我，你一小时赚多少钱？"小孩哀求着。

"假如你一定要知道的话，我一小时赚20美元。"

"喔。"小孩低着头这样回答。

沉默了几秒钟，小孩又说："爸爸，可以借我10美元吗？"

父亲发怒了。

"如果你问这问题只是要借钱去买毫无意义的玩具或东西的话，给我回到房间上床睡觉去，好好想想为什么你会那么自私。我每天长时间地辛苦工作，没时间和你玩小孩子的游戏。"

小孩安静地回到自己房间并关上门。

这位父亲坐下来后，对于小孩刚才的问题还很生气：他怎么敢只为了钱而问这种问题？

约一小时后，他平静下来了，开始想，我可能对孩子太凶了，或许我应该用那10美元买小孩真正想要的，让他不用常常要钱。

父亲走到小孩的房间。

“你睡了吗？”他问。

“还没，我还醒着。”小孩回答。

“我想过了，我刚刚可能对你太凶了。”父亲说着：“我将今天的闷气都爆发出来了。这是你要的10美元。”

小孩笑着坐直了起来：“爸爸，谢谢你。”

接着，小孩从枕头下拿出一些被弄皱的钞票。

父亲看到小孩已经有钱了，正要再次发脾气。

小孩慢慢地算着钱，然后看着他的爸爸。

“为什么你已经有钱了还要更多？”父亲生气地问。

“因为在这之前不够，但我现在足够了。”小孩回答。

“爸，我现在有20美元了。我可以向你买一个小时的时间吗？明天请早一点回家，我想和你一起吃晚餐。”

失去了温情，人世间不过是一座荒凉的坟墓；失去了爱，生命就变得毫无意义！把握住温情，把握住爱！

16. 爱心的流向

爱心，无高下！

通常，爱心是从高处往低处流的。

有个人非常不幸，老父老母病故欠下万元债，妻子到了肺癌晚期，三胞胎女儿要升学，自己又因拖拉机事故截去了右肢……记者报道后，爱心滚滚而来。

有位妇女，丈夫患绝症刚刚死去，唯一的儿子又得了绝症，动手术得花几万元……记者报道后，爱心滚滚而来。

爱心本是好事，但好事有时会变味。

那位得了“爱心”的农民，家里置起了彩电、收录机，女儿上学有了自行车，吃穿讲究起来了，他将田包给别人种，自己则泡在茶馆享清福了。

那位得了“爱心”的妇女，儿子还没来得及动手术就死了，她用那些钱买了“房改”房。

如果他们的钱是炒股票或做什么生意“发”的，如果他们的钱是来自一个富有亲戚的遗产，那么，他们现在的“享受”都无关别人的事，但是他们的钱是来自“爱心”，人们就有意见了。

本来，此类“爱心”是相对富足、幸运的人们给予不幸、贫苦的人的，是从高处往低处流的。如果那“低处”突然漫溢了起来，甚至高过了“高处”，人心就不那么平衡了，各种指责也就来了。

指责也许不无道理，但是人们忘了一点，能面对忽然多起来的金钱而无动于衷的人，本来就不是很多，何况是曾经经历了那么多不幸的普通人。

若是因为钱多了使他们变“坏”了，这不是“爱心”的错。

但“爱心”完全可以更宽容大度些，就让那位曾在三个小孩、一个病人的境况中苦撑过整整十年的农民，也坐几天茶馆享享清福吧；就让从未打扮过的花季三胞胎姐妹穿几件鲜亮衣裳吧；就让那失去男人又失去儿子的绝望妇人，和别人一样买下住房，稍稍有一点“家”的感觉吧。让他们的日子好过些不正是我们这些献“爱心”的人的初衷吗？

当爱心不仅仅是钱时，当爱心不再居高临下时，爱心就不只是你流向他的，还是他流向你的。

爱心，本没有高下之分。

17. 快乐的维他命

人最大的快乐来自给予，而不是得到。

有一位知名的心理学教授讲述了一个发生在他身边的关于爱的故事：

作为一位心理学教授，难免会出现有人要来找你，却又不肯到医院去看你的情形。这种人往往是社会上的知名人士，他们心理上如有问题，当然不愿意让别人知道。这时，他们就会悄悄地来找我。

这次来的人是一位家喻户晓的工业家，当年从我们学校毕业的时候，他的领导能力就是出了名的。果然不到几年，他的事业就扶摇直上。一般人对他的评价是特别冷静，从不慌乱，判断力更是一流，他的成功，一直是坊间书籍津津乐道的对象。

这位名人进来的时候，却流露出一种非常严重的焦虑心情，他直截了当地说："我想自杀。"对我而言，这当然是预料之外的，这位人人羡慕的社会知名人物，为什么如此沮丧呢？他告诉我，之所以想自杀，是因为一个毛病：他无法爱人。

我还是第一次听到这种怪病，这个年头，大多数的人都会埋怨没有人爱，感到社会的冷漠。承认自己无法爱人，这还是我第一次碰到。于是他告诉了我他的奇遇。

大学四年级的时候，他已是同学中野心非常强的一位。有一天，学校心理系某教授声称发明了一种药，吃了药以后，人的判断力会更好，会更加冷静，观察力也会相当敏锐，以现有的学问，加上这些特别的能力，将来事业一定可以成功，扶摇直上。

他虽然对这种药有兴趣，可是他也知道任何药都会有副作用，所以他立刻问那位教授这种药有什么副作用。教授告诉他，他只要吃五颗就够了，生理上的副作用几乎没有，可是这种药却有一种奇怪的副作用，吃了药以后，人就会丧失爱人的能力。

我的病人对于无法爱人不太在乎，他认为这好像没有什么关系。他问教授会不会保留被爱的能力，教授说他仍然会感到别人对他的爱，只是不能爱人而已。他觉得这种药似乎值得一试，因为他知道所有成功的人不仅因为他们工作得非常努力，最重要的因素是他们的观察力特别敏锐，作出的判断也特别正确。他当时一心一意想在社会上出人头地，吃了药以后，虽然不能爱人，只要能感到被爱也未尝不可，因此他答应了。

教授却非常小心，一再问他对药的副作用了解了没有。他说他了解，而且也愿意冒这个险，于是教授给了他五颗药，他照指示在五天内吃了这五颗药。药效果真很灵，他进入社会以后，大家都称赞他的观察力和判断力，他的决定十有八九是对的，难怪他的事业蒸蒸日上，谁也比不上他。

可是他终于发现药的副作用非常可怕，因为他变成了一个十分冷漠的人。他从不同情任何人，对任何人都没有什么感情，即使他的母亲去世，眼见他的弟弟哀痛欲绝，他却什么感觉都没有。他的太太和孩子都知道他对他们毫无感情可言，他的部下更是感到他是世界上最冷漠的人。

他开始发现他失去了世界上最大的快乐，他的理智告诉他，付出比得到更有意义。他冷眼观察社会上真正快乐的人，那些都是对别人充满爱心的人，例如慈济基金会的职工。虽然这些人事业上都比不上他，可是只因为他们能够关怀别人，内心充满了平安喜乐。

他很希望也能如此，可一直做不到，大概药性太强了。他虽然号称可以感到别人的爱，可是因为他不爱人，也没有什么人爱他。最糟糕的是，给他药的教授已去世了，他无法去要解药，他知道我是这位名教授的亲传弟子，所以他只好来找我，希望我能替他找到解药。

我觉得这件事实在古怪至极，因为我从未听说过这种药。我本来想立刻拒绝他，可是看他不断地恳求，只好答应他试试看。我用计算机作了大规模的文献搜寻，发现从未有人提过这种药，据我记忆所及，这位名教授也从未向我提起这个秘密的实验，我更没有听过人的爱心是可以受药物控制的。

我想起一件事，这位名教授去世以后，校方为了表示对他的尊重，曾经请他的遗孀捐出了他所有的工作日志。想到这我立刻赶到图书馆，直接进入了保存他日志的特别房间。我发现他的日志是以日期排列的，算一算那位病人在本校毕业的年份，我一页一页地看，果然找到这个秘密实验的详细记录。对我而言，这个实验实在太有意义了，我看了记录以后，终于做出了解药。

病人来了，我告诉他已弄清楚是怎么一回事，并做出了解药，但是吃了我的药以后，他的判断力将不像过去那样正确，观察力也可能不再敏锐。如果他的事业因此而走下坡路，可不能怪我。我的病人对他的事业毫不在乎，他只想能够爱人，享受爱人的乐趣。

我一再问他是否真的想无私地爱人，他一再回答的确如此，因此我用一只小瓶子装了五颗药给他。他谢了我，匆匆地走了。

三个月以后，病人回来了。他这次变了一个人，他说他已经感受到关怀别人所带来的心灵上的平安。他告诉我，他发现他一位下属的太太得了癌症，过去他对这种消息会完全无动于衷，这一次他却主动地表示关心，虽然她仍然去世了，可是他却从头到尾分担大家的痛苦，这也使他对死亡有了深一层的了解。

他的另一位下属有一个儿子在念书，这位下属收入不多，无法给儿子请最好的家教。他主动表示愿意帮这位下属的忙，他儿子的考试成绩，果真大有进步，他高兴极了。至于他的事业，他说似乎不受影响。

我的病人谢了我以后，最后还是问了我一个我最不愿意回答的问题，这究竟是什么药？为什么从来没有人谈过药物可以左右人的爱心？

我只好告诉他，我其实只是给了他维他命而已。

当年，那位名教授也是给了他维他命。他的工作日志上写得一清二楚：人是有自由意志的，行善或行恶，都是自己的事。你如立志做好人，就可以成为好人，你如冷酷无情，实在不该怪别人。我的病人年轻时，就只想成功，即使不能爱人，也在所不惜，那位名教授只是成全了他的志愿而已。这次他下定决心要爱人，我也只是给了他心理上的维他命而已。

我们都知道希特勒做了很多坏事，可是没有听说他是在某种药物控制之下做的；我们也知道，即使在希特勒屠杀犹太人的时候，很多德国人仍愿意牺牲自己的生命来拯救犹太人，这些人也从未在药物的控制之下。人是有自由意志的，我们也许不能控制自己的命运，可是只要下定决心，就可以控制自己的行为，我们都应该为自己的所作所为负责。

病人轻松地谢谢我，说有一件礼物要给我。我打开了礼物，发现竟是我给他的五颗维他命，只是换了一个更漂亮的瓶子装。他显然一颗也没有吃。我窘得不得了，聪明反被聪明误，这次我被他骗了。

病人告诉我，这次他非常小心。他将药带到一位药学系的教授那里去，那位教授一眼就看出这是最廉价的维他命。病人是个聪明的人，他终于想通了，过去他是自己心的奴隶，如果他将自己从中解放出来，他一生将会恢复自由。

18. 爱之坚强

时常补给自己爱的知识，让爱与被爱都有福。

在看到这个女孩时，每个人都会觉得她的笑容特别灿烂，似乎不会被任何事情所困扰。除了羡慕之外，人们就只是钦佩她的心境可以保持得如此美好，却不知在她身上曾发生过多么悲惨的故事。

她和她的男友原是班上最美满的一对，男友对她呵护备至，所有人都看在眼里，都预期他们将是班上第一对结婚的佳偶。

毕业的前夕，他们两人一同去图书馆寻找一些资料，就在他们踏出图书馆前面的车道时，他们被汽车拦腰撞上，男孩当场死亡，女孩送医院急救。

女孩在医院中昏迷了将近一个月，同学、亲人都担心她不再醒来，但是他们更担心她醒来之后，难以接受自己心爱的人已死的事实。

一个月过后，她奇迹般地醒了，更神奇的是，她似乎不太记得男友惨死的那一段，也不见她忧伤哭泣。经由医生解说，人们知道，有部分车祸病人，可能会丧失部分的记忆。

感谢上帝，让她忘记了那最悲伤的一段。

后来她就业、工作都相当顺利，而且她比以往更爱笑了。

知道她的过往之后，再见她时，我有一种怜惜的情绪。我们约着喝咖啡，我注意看着她的笑容和她生动的表情。

“你知道了对不对？”她突然说。

“知道什么？”

“我的那一场车祸。”

我歉然地不想接话，不想引起这个话题。“他们以为我不记得了，其实我什么都记得。当我睁开眼睛，我看见我的母亲哭得好伤心，我告诉自己我不能再哭了。因为我知道我若悲伤会造成他们更大的悲伤，这是大伟不愿意见到的。”

透过她眼眶中打转的眼泪，还有那不愿让眼泪落下的笑容，我看到了一个女孩的坚强，以及她对爱情的看法。因为爱，去伤害爱你的人，是自私的。

真正在爱中坚强的人，是了解爱的人。我们不能够爱得八面玲珑，但必须要爱得无怨无悔，爱得问心无愧。

一位朋友的老公，因为工作的需要，常常深夜回家。某天稍微早了一点回家，却见家中的电灯熄了，为了不吵醒不易入眠的老婆，他就将车停在家门口，自己睡在车里头。等到清晨，他才蹑手蹑脚地打开家门，但是没想到的是自己的老婆却是待在客厅一夜苦等他，没有开灯，只为不愿他内疚自己的晚归。“常常为爱做了一些傻事，想想都觉得好笑。”

爱需要傻劲，但不能伤害别人，爱需要耐力，但不是一再的骚扰爱人，爱有许多的本领，能使人快乐，亦能使人痛苦。

时常补给自己爱的知识，让爱人与被爱都有福。

爱是人世间最美的一件事，可也是需要人学习得最多的一件事。如果你的身边有一个值得你付出的人，好好的和他一同走这条爱的路吧！珍惜、疼惜你所拥有的！

19. 把这份情传下去

社会因你做了一小件光明的事，而向希望之光前进一大步。

我们常以薪资多寡、汽车大小，作为判断成功与否的准则，却不知爱心才是真正的成功指针。以下是一个人亲述的故事：

我和太太、两岁大的女儿，被困在俄勒冈州红河谷露营地，那地方远离尘世、冰天雪地，我们的车子却出了故障，动弹不得。

我们原本是为了庆祝我完成第二年的主治医师训练课程，才出外旅行的，不过我刚刚接受的医学训练，却没办法来对付出故障的旅行车。

这已经是二十年前的往事了，但在我脑海中，这件事仍像记忆中的俄勒冈蓝天一般清晰如昨。当时我刚醒来，摸索着打开电灯开关，却发现自己仍陷在一片黑暗里，我试着发动车子，没有反应。我爬出旅行车，口中忍不住开始咒骂起来，车外滔滔的白浪立刻掩盖了我的咒骂声。我和太太讨论后认为，我们的车子一定是电池没电了，既然我的腿要比我的修车技术可靠，我决定徒步走到几英里外的高速公路上求救，她和女儿则待在车里。

两小时后，我跛着扭了足踝的脚抵达高速公路，拦下一辆载运木头的大卡车，那卡车一到加油站就让我下车，继而弃我而去。

我走近加油站时，忽然心一冷，想起当时是星期天早晨，加油站是关的，幸好那里还有个公共电话亭和一本破旧的电话册。我拨电话到下个镇上（大约二十英里外）唯一的一家汽车修理公司。

鲍伯接了电话，听我讲述我的困境。

“没问题。”他说，我把地点告诉他，“星期天我通常休息，不过我大概半小时可以到那里。”听见他要来，我松了一口气，但我又担心他会狮子大开口，到时候不知要向我收多少钱。

鲍伯开着闪闪发光的红色拖车翩然抵达，我们一起开着车子回到营地。我跳下拖车转过身时，才十分惊讶地发现：鲍伯必须靠夹板和拐杖的支撑才能下车，他的下半身根本就完全瘫痪！他拄着拐杖走向我们的旅行车，我脑海中再度浮出一堆数字，不知他这次善行要花我多少钱！

“喔！只是电池没电罢了！只要充一下电，你们就可以自由上路了。”鲍伯把电池拿去充电，利用中间的空当，他还变魔术逗我女儿，甚至从耳朵中掏出一个两角五分的铜板给她。他把接电的电线放回拖车上时，我过去问他该付多少钱。

“喔！不用了。”他答，我愣在那里。

“我该付你钱的！”我坚持。

“不用，”他又说了一次，“在越南的时候，有人帮我脱离了比这更糟的险境——当时我两条腿都断了，但那个人只叫我把那份情传下去，所以你一毛钱都不欠我；只要记着，有机会的时候，要把这份情传下去。”

时光拉回二十年后，回到我忙碌的医学院办公室，我时常在这里训练医学院的学生。一个从别州学校来的二年级生辛蒂，到我这里来实习一个月，顺便和她母亲一起住一段时间，她母亲就住在医院附近。我们刚刚一起探望过一个因酗酒、吸毒而入院的病人，正在护理站讨论可能采取的疗法时，忽然间，我注意到她的眼中满是泪水。

“你不喜欢讨论这类事情吗？”我问。

“不是，”辛蒂啜泣着，“只不过那个病人有可能是我母亲，她也有同样的问题。”

午餐时我们单独躲在会议室内，探讨辛蒂母亲长期酗酒的悲惨历史。辛蒂一把鼻涕、一把眼泪，很痛快地掏心掏肺，把她家人过去几年的愤怒、尴尬、仇视都说给我听。我请辛蒂的母亲来治疗，燃起了她的希望。我们还安排她母亲去见一位训练有素的心理医生。辛蒂母亲在家人的强烈鼓励下，总算同意接受治疗。入院几个星期后，她整个人焕然一新、彻底改变。辛蒂的家庭原本濒临破碎的边缘，但这之后，他们第一次见到了希望的曙光。

“我该如何报答你？”辛蒂问。

我想起被困在雪地里的那辆旅行车，以及那位下半身瘫痪的善心人士，我知道自己只有一个答案：“就把这份情传下去吧！”

是的！请把那份情永远地传下去！让这个社会更加幸福！

社会黑暗吗？不，当然不是。

社会光明吗？不，当然也不是。

不黑暗是因为其中有些人，正在做光明的事。

不光明也是因为其中有些人，正在做黑暗的事。

但是社会需要的是光明而不是黑暗。

所以，你正在做光明的事吗？

社会将因你做了一小件光明的事，而向希望之光前进一大步。

20. 爱心难忘

爱心驱散战争的阴霾。

我记得有一个小故事，时间是在第二次世界大战，当时有一位美国军人，由战地得胜归来，许多乡亲以迎接英雄的场面来欢迎他。在欢迎会上，他的好友问他："你在战场上这么多年，常常驾驶飞机出生入死，一定经历了很多难忘的事吧？"他想了想说："是。有一件事让我终身难忘。"大家都静了下来，想听听他轰轰烈烈的战地故事。

他慢慢地讲了起来。有一天放假，这位士兵想到巴黎去逛逛。上车以后，他看到一位老妇人，穿着破旧的衣服，有点驼背，脸色黄黄的，行动有些不便……他看到她带着很重的行李要下车，突然觉得不忍心，于是走过去，轻声细语地向老妇人说："老奶奶，我帮你提行李。"老妇人很感谢他。然后这位士兵又说："老奶奶，我陪你回家。"他一路帮老奶奶提着行李，走了很长的路才到达老奶奶乡下的家。老奶奶的家一看就知道是清贫家庭。不过，一进入那个乡村，就能感受到一股祥和的气氛。尽管村民都埋头工作，但是一看到老奶奶回来，都很自然地站起来，对老奶奶挥手、打招呼说："老奶奶回来了。"不管年纪大小，都露出开怀的笑容。那位士兵看到乡村的祥和生活，不禁想起，自己每天必须驾着飞机投掷炸弹，不知伤害了多少生命，破坏了多少建筑！从紧张激烈的战场，突然进入祥和的小村庄，强烈的对比让他终身难忘。

当他把老奶奶的东西放好要离开时，老奶奶诚恳地拉着他的手说:“我一定要请你喝杯咖啡。”然后带着他到村里的一家小咖啡店。那是一家很小的店，店里的人看到老奶奶带着一位士兵,都围着他们。老奶奶说:“你们知道吗?刚才要下车时,就是这位年轻士兵帮我把行李拿来,好心地帮我一路提回家,让我不必累得气喘吁吁,我得好好感谢他。”大家听了,都欢喜地鼓掌,异口同声地说:“我们也感谢你,感谢你帮助老奶奶。”

这位士兵回忆说:“当时那种祥和的气氛,让我终身难忘。”那位士兵只不过是帮老奶奶提几包行李，整个过程却让他终身难忘。在残酷的战争中,他的一点点爱心,却让人备觉珍惜和感动。

在我们身边,每天都有类似的故事发生,把爱心传递出来，感动别人,也感动自己。

21. 怎样开启易拉罐

悄无声息的爱，润物细无声的感动。

许多年前的一个夏天，在一列南下的火车上，一位满脸稚气的男青年倚窗而坐。他是个农村娃，一件崭新的白色半袖衫掩盖不住黝黑的皮肤。在此之前，他连火车都没坐过，他要到南方去上梦寐以求的大学。男青年对面的座位上，坐着一对母子。

车厢内闷热异常，男青年感到口渴难耐。

“方便面、健力宝、矿泉水！”乘务员大声叫卖着。

健力宝？男青年知道，这是一种很奢侈的饮料。读高中时，班里有钱的同学才喝得起，爸妈从来没给自己买过。如今，他要到外地上学了，衣兜里有了些许可以支配的零花钱。犹豫再三，他终于从衣兜里摸出一张皱巴巴的5元钱，递给乘务员。

男青年不知如何开启这听饮料。他把健力宝拿在手里，颠来倒去看了看。最后，他把目光定在了拉环的位置。迟疑了一会儿，他从腰间摸出了一把水果刀，企图在拉环的位置把健力宝撬开，撬了两下，发觉易拉罐的壳很硬，便停下了手中的水果刀，又把目光盯在了拉环上。这时，却听见对面的妇女对儿子说，童童，快把健力宝给妈妈拿过来。小男孩说，妈妈，你刚喝过水，怎么又渴了？快！听话！小男孩便站在车座上，把手伸进了车窗旁边挂着的塑料袋。

妇女把健力宝拿在手中，眼睛盯在拉环上，余光注视着男青年，只听“嘭”的一声，健力宝打开了。随之，车厢里又传出“嘭”的一声响，男青年的易拉罐也打开了。妇女微微地笑了一下，喝了一口，就把自己的健力宝放在了茶几上，显然，她并不渴。

许多年后，男青年参加了工作，却仍对这件事记忆犹新。他感激那位善良的中年妇女。她为了不使他难堪，没有直接教他易拉罐的开启方法，而是间接地完成了这一过程。妇女的举动是一种小小的善。

男青年把这种感激化作了更多小小的善，带到了社会的每个角落。

第二味：虚心

谦虚为人，低调做事

01. 弯腰的哲学

愈成熟的麦穗，愈懂得弯腰；愈懂得弯腰，才会愈成熟。

一位还不到退休年纪的资深医生，因为医术非常高明，吸引了许多年轻的医生前来求教，并且主动要求投靠在他的门下。资深医生选了其中的一位年轻医生，留在诊所内帮忙看诊，两人以师徒相称。看诊时，年轻医生成为资深医生的得力助手，资深医生理所当然地是年轻医生的导师。由于两人合作无间，来诊所的病患者与日俱增，声名远播。

为了分担愈来愈多的工作量，避免病患者等得太久，医生师徒决定分开看诊。病情比较轻微的患者，由年轻医生诊断；病情比较严重的，师父出马。

实行一段时间之后，指明挂号给医生徒弟看诊的病患者比例明显增加。起初，医生师父不以为意，心中高兴地认为："小病都医好了，当然不会拖延成大病。病患者减少，我也乐得轻松。"直到有一天，医生师父发现，有几位病患者的病情很严重，但在挂号时仍坚持要医生徒弟看诊，对此现象他百思不解。

还好，医生师徒两人彼此信赖，相处时没有心结，收入的分配也有一套双方都能接受的标准制度，所以医生师父并没有往坏处想，更不至于怀疑医生徒弟从中搞鬼、故意抢病患者的地步。

"可是，为什么呢？"他问别人："为什么大家不找我看诊？难道他们以为我的医术不高明吗？不会吧！我刚刚才得到一项由医学会颁赠的'杰出成就奖'，新闻在报纸上占的版面也很大，很多人都看到了呀。吴顾问，这究竟是怎么回事？”

为了帮忙解开他心中的疑团，吴顾问觉得必须到他的诊所深入观察。

初诊挂号时，没问题。负责挂号的小姐很客气，并不会刻意暗示病人要挂哪一位医生的门诊。复诊挂号时，就有点学问了，很多病患者都从医生师父那边，转到医生徒弟的门诊。这部分的问题是出在所谓的“口碑效果”，因为医生徒弟的门诊挂号人数偏多，等候诊断的时间也比较长，有些病患者在等候区聊天，不但交换彼此的看诊经验，也呈现出“门庭若市”的场面，让一些对自己病情比较没有信心的患者趋之若鹜。

更有趣的发现是，在问诊的过程中，医生徒弟的经验虽然不丰富，但也就是因为他有此自知之明，所以问诊时非常仔细，慢慢研究推敲，跟病患者的互动沟通比较多、也比较深入。加上医生徒弟没有身份的问题，所以很亲切、客气，也常给病患者加油打气：“不用担心啦！多喝水，睡眠要充足，你很快就会好起来。”诸如此类的心灵鼓励，让他开出的药方，有加倍的效果。

回过头来看看医生师父这边，情况正好相反。经验丰富的他，看诊速度很快，往往病患者毋须开口多说，他就知道问题在哪里。资深加上专业，使得他的表情显得冷酷，仿佛对病患者的苦痛渐渐麻痹，缺少同情心。整个看诊的过程，明明是很专业认真的，却容易使病患者产生“漫不经心、草草了事”的误会。

当吴顾问向医生师父提出这些意见时，他惊讶地张大了嘴巴：“对喔！我自己怎么都没有发现！”其实，很多具有专业素养的人士，都很容易遇到类似的问题。并不是自己故意要摆出盛气凌人的高姿态，但却因为地位高高在上，而令人仰之弥高，产生遥不可及的距离感。

别忘了！愈成熟的麦穗，愈懂得弯腰。或者，我们也可以来个逆向思考，愈懂得弯腰，才会愈成熟。保持谦虚和拥有成就，也许就像鱼与熊掌般难以兼得，但也绝对不是二选一的单选题。随时提醒自己，放下专业的身份，诚恳地和比你资历浅或职务低的人好好沟通，拥有成就的同时，依然可以保持谦虚的心胸。

换句话说，有专业素养，工作能力强，的确是成就自我的重要基础，但沟通的技巧和友善的态度，却也是不可或缺的要件。

02. 舍利弗尊者的谦虚

如大地一样平和，如门柱一样坚固，如无淤泥池水的清洁；阿罗汉者不再轮回。

当佛陀住在祇园精舍时，在一次说法会上，讲了这首偈语，是有关舍利弗尊者和一位年轻比丘的故事。

一次，在雨安居结束后，舍利弗尊者计划外出游化。他向佛陀拜辞后，便与同伴准备离开，很多比丘都前来与舍利弗道别。在出发前，舍利弗尊者念出每位比丘的名字和家族姓氏，其中有位比丘未用个人及家族姓名，当尊者念到他的名字时，未注意到他及向他打招呼，于是他便耿耿于怀。

还有，当舍利弗尊者走过他身边时，因袈裟轻轻掠过他的身体，这也加重了他对舍利弗的怀恨。当他知道舍利弗已离开寺院后，他便去向佛陀告状："世尊！舍利弗尊者，他自以为是你的大弟子，打了我一拳，差点伤了我的耳朵。他不但不向我道歉，反而到外面游化去了。"于是，佛陀便召回了舍利弗尊者。

舍利弗尊者及其他人来到佛陀面前，向佛陀拜礼后，恭敬的坐在一边。当佛陀问起这件事，舍利弗没有为自己争辩，反而叙说自己的为人。

当舍利弗叙说自己的为人时，那位诬赖他的比丘，立刻充满了懊悔，跪在佛陀的脚下，向佛陀忏悔，承认自己蓄意诽谤。佛陀对僧众们说："舍利弗早已经宽恕了他。"舍利弗尊者走到那僧人面前，向他行礼说："同道！我已宽恕了你，如果我有什么不对的，也请你宽恕我。"这时，众比丘都说道："这就是舍利弗尊者过人之处，他对这位欺骗他和诽谤他的比丘，不但不感到愤怒，反而向他行礼赔不是。”佛陀听到他们的谈话后，问道：“你们在说什么？”比丘们告诉佛陀他们说话的内容，于是佛陀开导比丘们说：“以舍利弗的性格来说，要他存有嗔恨心是不可能的。

他的心，就像门柱一样坚固，也如池水一样平和。”

03. 谦虚是一种涵养

谦虚是一种品格，更是一种涵养。

20世纪中国作家和文化先驱之一者蔡元培先生曾有过这样一件轶事：一次在伦敦举行的中国名画展上，组委会派人去南京和上海监督选取博物院的名画，蔡先生与林语堂都参与其事。法国汉学家伯希和自认是中国通，在巡行观览时滔滔不绝，不能自已。

为了表现自己的内行，伯希和向蔡先生说“这张宋画绢色不错”，“那张徽宗鹅无疑是真品”，以及墨色、印章如何等等。林语堂注意观察蔡先生的表情，他不表示赞同和反对意见，只是客气地低声说：“是的，是的。”一脸平淡冷静的样子。后来伯希和若有所悟，闭口不言，面有惧色，大概从蔡元培的表情和举止上，他担心自己说错了什么，出了丑自己还不知道呢！

林语堂后来在谈到蔡元培先生时还就伯希和一事感叹说：“这是中国人的涵养，反映外国人卖弄的一幅绝妙图画。”

04. 虚心就是倒空自己

只有时时倒空自己，才能超越自己。

“虚己”、“虚心”是很必要的心灵准备。我们活在这个实时供应、即影即有的时代中，心灵和思想无时无刻不被许多事物充满着。“自助”和“自足”是人人追求的目标，人的心灵已被“现实”所充盈，越来越少“超现实”和“超物质”的空间了。当人的思想世故化后，便失去了情感和想象的能力，从而使生命显得单调、平面化而没有深度。一切都求现成，反而没有了“期待”的心灵！

“虚心”是个空化自我心境的过程，是对超越物质，提升人生境界的准备。唯有通过“虚心”的历程，我们的心灵才会拥有一个体验“恩典”、“美善”和“亲情”的空间。

老子在《道德经》第四章中论及“道”的“虚己”作用时有很独到的体会，他说：“道冲，而用之或不盈。渊兮，似万物之宗。”就是说道很有效用但又不会满，好像高深莫测，却又是诞生万物的来源。它有“虚怀”的特性，却又不是“虚无”，而是生生之源。他跟着又说，“道”有“挫其锐，解其纷，和其光，同其尘”的本性与作用。意谓，挫损自己锋锐的棱角，解散各种自我才气的纷扰，融和自我的锋锐光芒，最后达至凡尘中人人都可得到的亲切感，道的本性是超脱而又亲和的。有了这种个性，人便能与“道”互通为一，成为一个清虚而又富有创造力的生命。

平常说话、做事、写文章，往往会发现有主观臆断的地方，答案很简单，就是因为不虚心。

事实上我们对于客观事物的各种复杂情况，对于世界上的一切知识，不可能都懂得，更不可能都懂得那么完全、那么确切。因此，要想清楚认识客观事物，就必须虚心。

虚心使人进步，骄傲使人落后。不论对待什么问题，我们都应该采取虚心的态度，力求少犯错误或者不犯错误。

过去许多知名的学者，为了追求知识，总是长年累月地向别人虚心学习，虚心问道。这种虚心做学问的态度，是我们应该效法的。宋代的林逋，在《省心录》中说："知不足者好学，耻下问者自满。一为君子，一为小人，自取如何耳。"明代方孝孺的《侯城杂诫》中也写道："人之不幸莫过于自足。恒苦不足故足，自以为足故不足。"他又说："虚己者进德之基。"这些都是十分中肯而切要的话。

当然，所谓虚心，既不是心中无数，也不是没有信心。我们对于自己研究的问题，经过反复探讨之后，就应该有信心。如果经过进一步研究的结果，发现了新的问题，证明原先的判断是错误的，那时候也要坚决丢掉错误的判断，而肯定新的判断的正确性。在没有发现新问题，做出任何新的判断以前，对于自己认为正确的判断，必须具有充足的信心，不要半信半疑，动摇不定，不敢明确表示自己的意见。有些人发表的意见，从表面上看，似乎很虚心，没有主观成见；实际上不免模棱两可，表明了发言者心中无数，毫无信心的状态。这当然是不好的。

这样说来，虚心和不虚心要从实质上加以区别，不是仅仅看表面的态度如何。所以，明代的何景明，在《何子杂言》中说："器虚则贮，满则扑之，……故虚可处，满不可处也。"他用扑满做比喻，未必恰当，但是也有一定的道理。因为虚心或不虚心，主要应该看它的内容；至于它的外表是什么样的则是不重要的了。王阳明也曾说过，谦受益，满招损。器虚则受，实则不受，物之恒也。这个意思也是不管表面如何，只问其内容如何。

但是，无论怎么说，虚心对于任何人，在任何时间和任何地点，做任何事情都是非常必要的。凡是不虚心处理的问题，往往不容易得到完满正确的结果。

经验证明，有的时候对某个问题，如果有先入为主的观念，那么，在进行调查研究的过程中，就很容易发现许多符合自己口味的材料；而对于不合自己口味的材料和意见，就看不进去，也听不进去。这种情形所以会发生，其原因就在于调查研究的人在思想上有主观主义的成分，还没有做到真正虚心的地步。

真正的虚心，是自己毫无成见，思想完全解放，不受任何束缚，对一切事物采取实事求是的态度，具体分析情况，对于任何方面反映的意见，都要加以考虑。等到各个方面的情况全部集中起来，然后再做综合的研究，有所批判，有所扬弃，最后形成正确的判断，这样才有可能在某种程度上避免错误。

05. 难得虚心

虚心和一个人的人生境界是成比例的。

巴金先生关于自己不是什么家的说法，在“大家”辈出的现代，很有点不可思议。论者必以“过谦”视之，先生这样讲是很诚恳的，我们以为过谦，大体反映了“虚心”之难得。

有些事情是可以指为形式主义的：比如为迎接检查而突击卫生，为体现尊重而拱手作揖，为显示服务态度而强颜赔笑，为表白爱情而搜罗甜言蜜语……这为“什么”而“什么”多跟实际无涉。虚心之事亦复如斯，表面上装愚守拙乃至作践自己，也不代表心里不嘀咕着“你算什么东西！”所以，说虚心难得非指其“表现性”，而是就其“生成性”而言。“生成”的虚心不是通过包装，不是故作姿态，它至少要有“心虚”感作为基础和前提。

不是做贼心虚的心虚，那是心中有鬼，有个实在的东西压得慌。这里的心虚是“若谷”地“空”，时时感觉着自己空缺得厉害。人寓居纷纭世界、变幻乾坤，不知不识的东西较之已知已识的多过不啻恒河沙数，且原先已知已识的说不准几经时日又成了陈旧的老皇历，说不准你知其一他还有其二、其三，时时内心虚得发毛，一日不读书就慌得不行，原是正常心理，倒是时常自满，显见着是某种神志不清，且一不小心就容易闹出点毛病来。比如断言“秋花不比春花落”，还要“说与诗人仔细吟”，到头来发觉人家那里就是那样地“落”，不“仔细”的恰恰是自己。人的心虚感竟就这样难得而易失。

此古来就有著名寓言发出关于“井底之蛙”的告诫，这告诫与其说指向囿于孔见的自以为是者，不如说是指向人的通常处境，盖因相对于浩茫宇宙，人总是不同层次地处于“井”中。地月系——太阳系——银河系——河外星系……人在知道得越来越多的同时，也就越来越感到所知太少，越来越感到自己的“井”实在太小太小。“学然后知不足”的道理因而非常浅显，人越过“胆子越小”的现象也就不能一概以生命力衰退而论之。

巴尔扎克年轻时曾在一个拿破仑小塑像的座盘上写道：“他用宝剑未能完成的大业，我将用笔杆来完成。”等到他写《人间喜剧》的“导言”时，却写出“作品寥寥使人自视甚高，大量劳动使人虚怀若谷”这样的话。固然不能非议其年轻时的气盛和自信，可同样不能不崇敬他成就卓著的自知，因为这自知是建立在博识的基础之上的，而且它本身就是博识的一种结果。

所以，虚心远不只是一种思想品德，不只是一种为人处世的态度，它也是一种标识，一种修养层次的标识。巴金的诚恳自审，尤奈斯库关于“一个作家最坏的就是自视甚高”的感悟，实在都是过来人痛切的经验之谈和贴切的人生告诫。惜哉在“井”中操劳的世人，大多容易让许多实在的事物把心胸塞得太满，鲜有听得进先哲“生有涯、知无涯”的浩叹而奉行“活到老学到老”的格言。

06. 用谦虚打扮灵魂

"是金子总是会发光的"，只要有真正的才能，何必操之过急，忙于展现自己。

谦虚是古往今来被人们公认的美德；它是人生成功的奠基石，是黑暗中指引方向的路标，是乘风破浪前行的有力武器。《尚书》有云："满招损，谦受益。"《谏太宗十思疏》中有云："虚心以纳下。"《出师表》中提议"开门纳谏"。

谦虚可以使人进步，而骄傲使人颓废。伟大的文学家、历史学家郭沫若先生一生创作过很多的作品，可他仍不忘虚心听取别人的意见，在一次演出前，临时将一句台词进行更换。这并不是没事找事做，而是在原优秀作品上镀上一层金，味道更浓了。有些人并不是这样，他们认为自己很优秀，不把别人放在眼里，一意孤行，任凭自己的思想胡乱操作，到头来只能在别人的嘲讽中了结残生，被人当作反例批判。

谦心更能显示人的智慧。人人都希望自己充满智慧，变成聪明人；只有谦虚地去学习，在成功中不断进取，一步一个脚印，才能产生更多的智慧。牛顿——赫赫有名的科学家，他曾经说过"我是站在巨人的肩膀上"，这正反映出他的虚心。对待成功、掌声、鲜花、羡慕、敬仰，始终轻描淡写，从不夸大自己的才能，所以他才会作出那么大的贡献。

"是金子总是会发光的"，只要有真正的才能，何必操之过急，忙于展现自己。那种抛开谦虚，无名的浮躁之辈永远成不了人才。让我们用谦虚来改造人生这朵鲜花，让它盛开得更娇艳。

07. 保持谦虚的态度

我们各种习气中再没有一种像克服骄傲那么难的了。虽极力藏匿它，克服它，消灭它，但无论如何，它在不知不觉之间，仍旧显露。

年轻时候的富兰克林，非常的骄傲自大，言行不可一世，无论到哪里都显得咄咄逼人。造成他这个坏脾气的最大原因是因为他的父亲对他太纵容了，从来都不对他的这种行为做出训斥。倒是他父亲的一位挚友看不下去了，有一天，把他叫到面前，用很温和的语气对他说："富兰克林，你想想看，你不肯尊重他人意见，事事都自以为是，结果将使你怎样呢?人家受了你几次这种难堪后，谁也不愿意再听你那么骄傲的言论。你的朋友们也会远远地避开你，免得会受你一肚子的冤枉气。如果你还这样下去，那么你从此就不能交到好朋友，你也不能从他人那里获得半点知识了。再说，你现在所知道的事情只是那么一点点、很有限，这样是不行的。"

听了这番话后，富兰克林大受震动，他看清楚了自己过去的错误，决定从此要痛改前非。处事待人的时候改用研究的态度，言行也变得谦恭和婉了，时时慎防有损别人的尊严。不久之后，他便从一个受人鄙视、拒绝交往的自负者，变成了一个到处受人欢迎和爱戴的人际交往高手。他也因此才拥有了丰富的人际关系资源，成为美国的一位伟大的领袖。

如果富兰克林没有接受意见改变自己的毛病，仍然是一意孤行，说起话来不分大小，不把他人放在眼里，那么他的结果一定不堪设想。

东汉初时的名将冯异在建立东汉王朝的战争中屡立功勋，然而他在每次战争后，总独自躲在大树下，而不像其他人那样，聚在一处争说自己的功劳，因而他赢得了“大树将军”的美称。南朝梁时的开国良将冯道根，在梁武帝最初举兵时，受命为先锋，立了大功。每次征伐取得胜利之后，他从不自吹自擂，梁国的宰相沈约对梁武帝称赞冯道根说：“此陛下之大树将军也！”功劳是客观存在的，别人抹杀不掉，自己的吹嘘终是徒劳。

有不少居功自傲的人，最终还是落得身败名裂的下场，只有那些继承了谦虚美德的老实人才能“赢得生前身后名”，为人所津津乐道。

南北战争时期，美国北军格兰特将军和南军李将军率部交锋，经过了一场激战后，南军溃不成军，李将军也被送到爱浦麦特城受审，签订降约。格兰特将军在这次胜利后，很谦恭地说：“李将军是一位很值得我们敬佩的人物。他虽然战败了，但是他的态度仍旧是那么镇定，他仍旧穿着全新的、完整的军服，腰间还佩着政府奖赐他的名贵宝剑，我远远的比不上他呀。”

他说他能取得这次战争的胜利，都是因为偶然的机会造成的。他说：“我们能够取得这次胜利是因为我们运气好，当时敌方军队在弗吉尼亚，几乎天天都遇到阴雨，害得他们不得不陷在泥泞中进行作战。然而，我们所到之处，几乎每天都是好天气，非常方便我们行军，我们就是因为幸运才取得胜利的。”

这些谦虚的话，要比自吹自擂好得多。一个真正深通人际关系的人，是不会自我吹嘘、自我炫耀的，你所取得的成绩，别人比你看得更清楚。

谦虚是一种美德，也是一种修养。谦虚者可以包容别人、善待别人，学习和吸取别人有益的经验和知识，从而提高自己，避免浅薄无知。常怀谦虚之心，会多一分清醒，少一分陶醉；常怀谦虚之心，会多一分合作，少一分孤立；常怀谦虚之心，会多一分警惕，少一分危险。

08. 虚心的人有福了

一个自知贫乏不足，能容纳别人的人，就是有福了。

传说，秦始皇统一中国以后，经常到各地去视察。

这天，秦始皇又带着大队人马出巡，车马来到博浪沙这个地方。突然，从一片树丛中飞出一件重物，它“呼”的一声，击中了一辆马车，把车座打得粉碎。

卫兵们吓了一跳，定睛一看，一把大铁锤夹在车座的碎片中。

“有刺客！保护皇上！”卫兵队长慌忙高喊，他们迅速行动，团团守护着秦始皇的车驾。

林中闪出两个人影，飞快地向不同的方向奔逃。

“抓刺客！”卫兵队长一声令下，两支卫队分头向那两人追去。可是，一转眼，那两人便逃得无影无踪了。

这场惊心动魄暗杀事件的主谋是一位名叫张良的青年。暗杀失败后，秦始皇四处搜捕凶手，张良害怕被捉，便逃到下邳，改名换姓，躲了起来。

这天清早，张良一个人出去散步，来到一座桥上，这时，一位老人走上了桥。他走到张良面前，弯身脱下鞋子，扔到桥下，然后转过身来，以命令的口气对张良说：“年轻人，下去把我的鞋子捡上来。”

张良觉得这个老人无理取闹，正要拒绝，但转念一想：“他是个老年人，我应该尊敬他。”

于是，他便忍住气，跑下桥去，捡起了鞋子，再回到桥上来递给老人。谁知道老人并不用手去接，只是把脚一伸，说："替我穿上！"张良觉得又好气，又好笑，可是既然已经把鞋子捡上来了，干脆好人做到底吧。于是他耐着性子，给老人穿上了鞋。老人穿好鞋，连声"谢谢"也不说，便大摇大摆地走了。

张良看那老人气度不凡，心想这老头儿一定有点来历，于是也跟着走下桥去，跟在他后头。走了一里多路，老人转过身来对他说："你这年轻人还值得一教，五天之后天亮时，你到桥头和我见面吧。"五天后，张良按时来到桥头，老人已经在那儿等候了。老人生气地说："你迟到了，五天后再来吧！"说完就走了。

过了五天，鸡刚叫头遍，张良就赶到桥头去，可是那老人还是比他早到了。老人说："你又迟到了！你如果还有心学点东西的话，五天后再来吧！"说完，又走了。

张良闷闷不乐地回去了。第五天，张良不敢睡觉，半夜就到桥上恭候老人，等了不久，老人就来了。他看见张良，面带笑容地说："这才是虚心拜师的表现啊！"说完，从怀里拿出一本书，对张良说："我已经观察你很久了，觉得你配做这本书的主人。好好研读，它将来能够使你成为辅助帝王的人才。"说完，把书交给了张良，头也不回地走了。

天一亮，张良拿出来一看，原来是一部十分珍贵的《太公兵法》（太公，就是周文王的军师姜太公）。从此，张良每天诵读《太公兵法》，潜心钻研用兵理论，果然学有所成。

后来，他听说汉王刘邦带兵起义，便投靠刘邦，用《太公兵法》协助刘邦取得一次又一次的军事胜利。在张良的辅佐下，刘邦最后推翻秦朝，建立了汉朝。

清朝乾隆年间出了个自号为"随园老人"的大诗人袁枚，他写的《随园诗话》，是一本很有名的谈诗论文的书，对后世影响很大。

袁枚虽然已是名声显赫的大诗人，但还是虚心好学、不耻下问。他常说："村童牧竖，一言一笑，皆吾之师也。"意思是说，不管是隔壁的孩童，还是放牛的小牧童，都是我的好老师呀。

那是一个寒冬腊月，袁枚正在南京小仓山脚的随园里优哉游哉地赏梅，正巧一个挑粪的农夫从梅园经过，农夫随口说道："梅树已有一身花啦！"袁枚一听，大受启发，当场吟成好诗："月映竹成千个字，霜高梅孕一身花。"意思是说，月亮映照着竹林，落下了斑斑驳驳的影絮；下了严霜，梅树已绽开了满树繁花。

又一年草长莺飞的早春二月，袁枚打算踏青郊游，他的一个和尚朋友赶来送行。和尚见景生情，说道："可惜园中红梅怒放，您却不能带去游览啊！可惜呀……"袁枚一听，觉得和尚朋友的话语真有诗意，不禁诗兴大发，即兴吟了两句好诗："只怜香雪梅千树，不得随身带上船。"这两句诗，流露了诗人对梅花的喜爱、惜怜之情，意味深长，耐人寻味。

正是这种处处留意、时时学习的精神，成就了袁枚一代诗名。

虚心的人是有福的。一个虚心的人，一个自知贫乏不足、心里头有空间容纳教导的人，往往可以受到更多的教诲，得到更多的东西，取得更大的成功！

09. 崇高的卑微

卑微是福，承认不足是成功的前提。

有一个很小、很小的岛，自惭形秽地向上帝诉苦说：“上帝啊！你为什么让我生得这么渺小可怜呢？放眼世界，几乎任何一块土地都比我长得高，别人总是巍然而立，高高在上，甚至耸入云端，显得那么壮观伟大。我却孤零零地卧在海面，退潮时高不了许多，涨潮时还要担心淹没。请您要不将我提拔成喜马拉雅山，要不就将我毁灭吧！因为我实在不愿意这样可怜地活下去了。”

上帝说：“且看看你周围的海洋，它们占地球面积的四分之三，也就是说，有四分之三的土地淹没在海洋下，吸收不到一点新鲜的空气，见不到半分和煦的阳光，他们尚且不说话，你又为什么要抱怨呢？”

小岛说：“请饶恕我的愚蠢，维持我崇高的卑微吧！感谢上帝，我已经太满足了！”

其实，我们每个人都曾经发出过小岛般的抱怨，为什么别人有高楼大厦、名车宝马，而我没有？为什么升迁的是别人而不是我？为什么别人的妻子貌美如花而我的妻子只会做河东狮吼状？为什么别人的孩子成绩优异，而我的孩子却惹人讨厌？不公平呀！我不也一样的努力，一样的拼命，一样的优秀！否也。

我们发出这些抱怨的同时，就向上帝表明了我们缺乏一颗谦虚向下看的心，缺乏一种知足的精神，缺乏一种珍惜已有的人生态度。世上当然有如喜马拉雅山般的伟人，然而普通人毕竟是多数。平凡如你我者，日出而作，日落而息，卑微亦是一种福。让我们听从上帝的训诫，用一颗谦卑的心，去看看那地球的四分之三吧，只有这样，我们也许可以更加珍惜那新鲜的空气与和煦的春风。

况且，所有伟人都得从普通人中走出。承认自己的不足是走向成功的必经路途。卑微是崇高的，虚心是人生的宝贵财富。只有承认卑微，虚心向别人求教，才能从平凡的蚕茧变成美丽的蝴蝶，从芸芸众生中脱颖而出。一味的抱怨、一味的躲避、一味的自我标榜，解决不了任何问题，它只能导致一个失败的人生。

10. 虚心万事能成，自满十事九空

要有勇气对自己说:“我是没有学问的”。

有一个博士分到一家研究所里，成为了这个所里学历最高的一个人。有一天他到单位后面的小池塘去钓鱼，正好正、副所长在他的一左一右，也在钓鱼。

“听说他俩也就是本科学历，有啥好聊的呢？”这么想着，他只是朝两人微微点了点头。

不一会儿，正所长放下钓竿，伸伸懒腰，“蹭蹭蹭”从水面上如飞似的跑到对面上厕所去了。

博士眼睛睁得都快掉下来了:“水上飘?不会吧?这可是一个池塘啊！”

正所长上完厕所回来的时候，同样也是“蹭蹭蹭”地从水上飘回来了。

“怎么回事？”博士生刚才没去打招呼，现在又不好意思去问，自己可是博士生哪!

过一阵，副所长也站起来，走了几步，也迈步“蹭蹭蹭”地飘过水面上厕所了。

这下子博士更是差点昏倒:“不会吧，到了一个江湖高手集中的地方？”

过了一会，博士生也内急了。这个池塘两边有围墙，要到对面厕所非得绕十分钟的路，而回单位上又太远，怎么办?

博士生又不愿意去问两位所长，憋了半天后，于是起身就往水里跨，心想:“我就不信这本科学历的人能过的水面，我博士生

不能过！”

只听“扑咚”一声，博士生栽到了水里。

两位所长赶紧将他拉了出来，问他为什么要下水，他反问道：“为什么你们可以走过去呢？而我就掉水里了呢？”

两位所长相视一笑，其中一位说：“这池塘里有两排木桩子，由于这两天下雨涨水，桩子正好在水面下。我们都知道这木桩的位置，所以可以踩着桩子过去。你不了解情况，怎么也不问一声呢？”

任何人都不喜欢骄傲自大的人，这种人在与他人合作中也不会被大家认可。你可能会觉得自己在某个方面比其他人强，但你更应该将自己的注意力放在他人的强项上，只有这样，你才能看到自己的肤浅和无知。因为团队中的任何一位成员，都可能是某个领域的专家，所以你必须保持足够的谦虚。谦虚会让你看到自己的短处，这种压力会促使你在团队中不断地进步。

11. 王永庆的简单哲学

谦虚低调的生活方式可作为人的立身之本。

大道必简，大器者皆极尽简单之能事。

台湾《CHEERS》杂志的调查显示，台湾大学生最喜欢的企业家是台塑董事长王永庆，受欢迎程度甚至超过年纪轻轻的美国微软创办人比尔·盖茨，第二到第四名分别是台积电董事长张忠谋、宏基集团董事长施振荣、比尔·盖茨，大陆工程总经理殷琪、雅虎创办人杨致远两人列第九名。

王永庆与王永在兄弟建立的台塑集团是台湾最大的民营制造业集团，旗下有30多家分公司与海外公司，在台湾石化界及整个企业界具有举足轻重的地位。王永庆更是世界“塑胶大王”，他不仅在台湾建立了宏大的家族事业，还在美国投资数十亿美元，建立了庞大的石化工业基础。

王永庆虽身家上千亿，却从不讲究排场，从不爱曝光，不论是个人生活起居还是管理他的“商业王国”，“简单”一直是他的座右铭。

王永庆的祖父是位读书人，熟读诗书，因而他希望孙子能念书。7岁的王永庆便徒步跋涉3公里，两次渡船过河，到新店国民小学上学。

小学毕业后，家中再也供不起王永庆继续上学了。他告别了校园，踏上日出而作、日落而归的生活之路，但这并不是王永庆的希望所在。

1931年，15岁的少年王永庆告别父母，踏上了去嘉义的路途，在叔叔的介绍下，王永庆找到了一份糊口的工作，在一家米店做小工，专为客户送米。

他工作起来格外卖力，颇得老板喜爱，颇有心计的王永庆在分内赔笑送米之余，暗中观察老板如何经营米店，想学点做老板的诀窍。

第二年，他利用回乡探望父母之际，向亲友借了200元钱，开了一家小米店，成了小老板，这是他人生的转折点。

17岁的青年要独撑一家店面，并非易事。当时米行竞争激烈，繁华地段早已有主，而且他们都已有了固定的客户。要打开新的局面，需想点高招才行，否则难以在此立足。

王永庆为了改进食用米的质量，将杂物捡干净，再卖给顾客。顾客食用后，印象很深，来王永庆米店购米的人逐渐多了起来。他一改其他米店等顾客上门购米的习惯，主动将米送到顾客家里，这种新做法因为方便了顾客，大受欢迎。他的米店生意越来越好，越做越大。

他用卖米赚的钱，购置了碾米设备，建立了一家碾米厂，又从北港附近的沿海渔村招了几个帮工，从此他有了自己的工厂。后来他又经营过木材，为他在木材业的崛起与扩展新的领域奠定了根基。

王永庆的治世治身之道只有二字："简单"。他的饮食就很简单，没有繁复的忌口规则，每餐半碗饭，配上一个鱼头、半只香蕉；请客的时候也简单，一只大虾、两片生苦瓜、几口青菜，配着红酒，细嚼慢咽，最后再加上几片凤梨，也就是一餐。

他的养生之道也同样平常简单。王永庆每天晚上九点就睡觉，半夜两点半就起来做他着迷的"毛巾操"。

王永庆的养生哲学还配上他经营企业的精神，他总结道：放松就会散漫，太舒服就会不健康。

王永庆始终坚持简单原则。他说，要想头脑健康、清明，首先就不能"想太杂"，不能"贪"。不论是个人、企业还是政府，如果不需努力即可获取很大的利益，太舒服、太散漫，就会予取予求，结果就是腐败朽蚀。

12. 虚心是一种力量

优秀的人需时刻保持虚心自省的心胸。

夏朝的时候，一个背叛的诸侯有扈氏率兵入侵，夏禹派他的儿子伯启抵抗，结果伯启被打败了。他的部下很不服气，要求继续进攻，但是伯启说："不必了，我的兵比他多，地也比他大，却被他打败了，这一定是我的德行不如他，带兵方法不如他的缘故。从今天起，我一定要努力改正过来才是。"

从此以后，伯启每天很早便起床工作，粗茶淡饭，衣着朴素甚于百姓，任用有才干的人，尊敬有品德的人。过了一年，有扈氏知道了，不但不敢再来侵犯，反而主动投降了。

还有一个故事是这样的：

齐景公爱喝酒，连喝七天七夜不停止。

大臣弦章上谏说："君王已经连喝七天七夜了，请您以国事为重，赶快戒酒，否则就请先赐我死。"

另一个大臣晏子后来觐见齐景公，齐景公向他诉苦说："弦章劝我戒酒，要不然就赐死他；我如果听了他的话，以后恐怕就得不到喝酒的乐趣了；不听的话，他又不想活，这可怎么办才好？"

晏子听了便说："弦章遇到您这样宽厚的国君，真是幸运啊！如果遇到夏桀、殷纣王，不是早就没命了吗？"

于是齐景公果真戒酒了。

晏子的智慧固然值得我们钦佩，齐景公知过能改，肯虚心接受他人的劝告，这种宽大的度量同样值得我们学习。

13. 谦虚是一种大智慧

谦虚是我们的传统美德，也是引导我们走向成功人生的大智慧。

在崇尚个性张扬的今天,“谦虚等于进步”的老话已经被大多数人遗忘了,取而代之的是自夸和炫耀。尤其在竞争激烈的现代职场，人们更是极尽张扬之能事，许多人已经不知谦虚为何物,但我相信骄兵必败。

世界上很多名人都是谦虚的,他们的谦虚来源于深刻的自信。

哈兹利特在一篇著名的文章中写道:“莎士比亚是最谦虚的人。他本人并无出奇之处;但是他具备别人的一切优点,或者说他具备了别人可能具备的一切优点。”

莎士比亚自认为是芸芸众生中的一员，而且与他人毫无差别,在他人看来十分出奇的地方,他自己却认为并不出奇。他的各种天赋都是与生俱来的，他似乎根本没有注意到这些。事实上,他具有人类所知晓的所有才能。

从许多人身上表现出来的事实可以证明:一个人越伟大,他就越谦虚,这种谦虚来源于他内心深处对自己的信心。因为成绩本身就说明了一切,他不必去登广告,更不必去写份简介进行预告。

懂得谦虚是一个人成熟的表现，自信与谦虚也正是辩证的统一,IBM总裁送给他儿子的座右铭恰当地把两者结合了起来——“心灵像上帝,行动如乞丐。”心灵要永远有高傲之情,但行动上却要像乞丐一样,去珍惜,去把握一切有助于我们人生幸福与成功的机会。“宽阔的河流平静,学识渊博的人谦虚。”凡是对人类发展作出巨大贡献的人物都有谦虚的美德。

近代科学的开创者牛顿有三大成就——光学分析、万有引力定律和微积分学，为现代科学的发展奠定了基础。但每当他在科学上获得伟大成就时，却从不沾沾自喜。牛顿费尽心血算出“万有引力定律”后，没有急于发表，而是继续孜孜不倦地深思了数年，研究了数年，埋头于数字计算之中，从未对任何人讲过一句。

后来，牛顿的朋友、大天文学家哈雷（彗星的发现者）在证明一个关于行星轨道的规律遇到困难时，专程登门请教牛顿。牛顿把自己关于计算“万有引力”的书稿交给哈雷看。哈雷看后才知道他所要请教的问题，正是牛顿早已解决、早已算好的问题，心里钦佩不已。1684 年 11 月，哈雷又到牛顿的寓所拜访。当谈到有关天文学的学术问题时，牛顿拿出论证“万有引力”的论文，请哈雷提意见。哈雷看后，对这部巨著感到非常惊讶，他欣喜地对牛顿说：“这真是伟大的论证，伟大的著作！”他再三劝说牛顿尽快发表这部伟大著作，以造福于人类。可是牛顿仍然没有轻易地发表自己的著作，而是经过长时间的一丝不苟的反复验证和计算，确认正确无误后，才于 1687 年将《自然哲学的数学原理》发表于世。

牛顿是个十分谦虚的人，从不自高自大。曾经有人问他：“你获得成功的秘诀是什么？”牛顿回答说：“假如我有一点微小成就的话，没有其他秘诀，唯有勤奋而已。”他又说，“假如我看得远些，那是因为我站在巨人们的肩上。”

从这些意味深长的话语中，我们可以看到这位伟大科学家的谦虚胸怀，它生动道出了牛顿获得巨大成就的奥妙所在。

第三味：诚心

将心比心，广结善缘

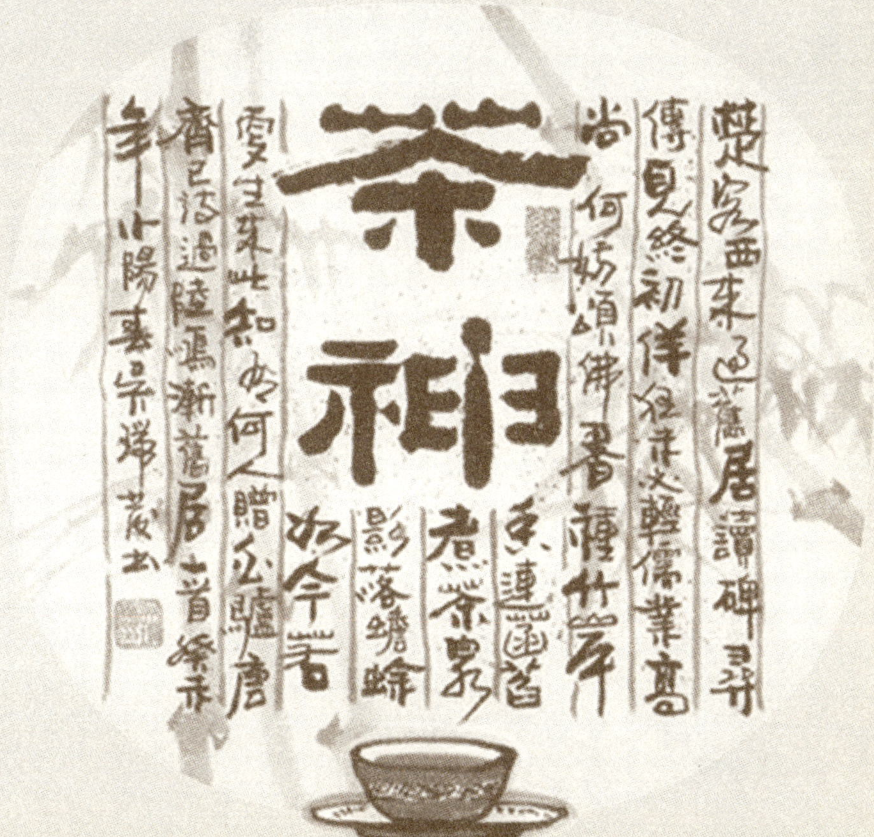

01. 巧诈不如拙诚

人最根本的修养便是以诚为本，以信为用。

现在流行一种说法，就是诸事都讲个“缘”字。什么是“缘”？缘就是“缘分”，概言之，就是彼时彼地彼人及彼机遇。有句话：“有缘千里来相会，无缘对面不相识。”

其实，缘分只是交朋友的一种契机。“樱桃好吃树难栽，不洒汗水换不来，幸福不会从天降，美好的日子等不来。”没有哪个朋友会无缘无故地找上门来，更不会无缘无故地与你成为挚友知己。如果一个人自身修养很差，谈吐粗俗，举止散漫，便不可能有很多的人愿意与他交朋友；相反，如果一个人自身修养很高，谈吐不凡，举止高雅，风度翩翩，相信一定会有不少人愿意与他接近，成为朋友。

个人自身修养最根本的便是以诚为本，以信为用，诚信结合。

《韩非子》一书中说：“巧诈不如拙诚。”

“巧诈”，是指心怀鬼胎，有目的、有意图地故意表现出某些能够吸引人、迷惑人的假象，是自以为聪明的奸诈之举。这种做法，乍看起来，机动灵活，善于应变，容易抓住别人的心，很有好处。实际上，它只适合与一次性的人交往，即打过一次交道后便各奔东西，互不相遇了。在这种情况下，施巧诈有时能够欺住对方从而达到自己的目的，获取利益。但如果交朋友施此巧诈之术，则往往会搬起石头砸自己的脚，弄巧成拙，因为朋友不像别的关系，朋友之间相处的时间长，巧诈带有明显欺瞒哄骗之举，经过一段时间后往往就会露出破绽。让人识破后，便失去了别人对自己的信赖，朋友们会唾而弃之，最终非但获利不多，反而损失更大，真是赔了夫人又折兵。

“拙诚”则是指心中不存恶念，诚心诚意地做事，或许有时行为举止略显愚直拙笨，但从不欺瞒别人。这种做法的缺点在于不能当即抓住别人的心，不适宜用于一次性交际活动，但交朋友时最适合运用此道。人们常说：“路遥知马力，日久见人心。”

朋友之间往往长久相处，拙诚的人貌似愚拙，却因其诚而赢得别人对他的信赖，从长远角度来说，拙诚的眼前利益不大，但长远利益却很丰厚。

曾有一个名叫谢福慕的人，为人不够诚实。他去某单位上班，初到那里时，他担心自己会受“外来户”的待遇，于是在一次聚会时，他给大家讲了一个故事：

“大家可能都以为我叫谢福慕，其实，我本不姓谢，而是姓解。在我三岁那年，我们沧县，对，是沧县，我本来是沧县人，我们沧县发了大水，巨大的洪水吞没了村庄，吞没了房屋，还有我可怜的爹娘——”

说到这里，谢福慕声音凄切，眼睛里竟也挤出几滴泪来，众人听了又惊又同情，他看看大家接着说：“我娘怕我淹死，把我裹好放在一个大木盆里。我便随着大水四处漂流，后来被承德现在的父母救起，他们把我养大，给我起了名字“谢福慕”，实为“谢谢浮木”之意。实际上，我也是沧县的呢！”

这一番话激起了大家的同情心，特别是沧县的老乡更是纷纷关心他，真真把他当作老乡看待。他的日子顺心如意，暗喜自己这一绝妙的欺骗。

但是，好景不长，后来人们都知道了他的话不过是信口捏造的。顿时，大家都对他格外小心，无论他说什么，大家都认真考虑一番，不敢确定是真是假。时间一长，他便难以在单位里干下去，只好调换了单位。

这个人终落得自己做了夹板自己戴，而这一切又都是他施巧术的恶果，因此说，交友应以诚信为本。

古人云："百心不可得一人，一心可得百人。"讲的便是交朋友贵在真诚。真诚是相互的，当你与朋友相识相处时，保持一种积极的心态是极为重要的。以真诚报真诚，心与心相印，情与情相许，方能终生不渝。

02. 永远将心比心

己所不欲，勿施于人。

中国有句成语，叫作“将心比心”，意为己所不欲，勿施于人。在与他人相处时，我经常想到“理解”这个词，想到每个人对理解的渴求。为什么有那么多需要理解的心呢？理解别人和被别人理解确实是不容易的事，而我认为“将心比心”则是理解的最好前提，说大一些，也是中华民族的传统美德。将心比心，好说难做。难在真正将心比心，难在真正换位思考，难在真正付诸行动。如果在平凡的生活中能做到这一点，那么我们的家庭会幸福许多，夫妻会和睦相处，一切关系都融洽了。生活是门艺术，如果每个人都能在守好自己本位的同时，多多给予他人关爱体贴，那么，生活又何尝不会迸发出绚丽的色彩？

如果和父母将心比心，我们就会体谅他们养家糊口的不易，体谅老人对我们的苦心，我们就会感受到老人对儿女的幸福期盼，就不会嫌他们唠叨，不会不孝顺。特别是和婆婆的相处，更需要将心比心，才能保证家庭的和睦；如果和妻子（丈夫）将心比心，我们就会感受到另一方为家庭无私的付出，为生活奔波的辛苦，为拉扯儿女的艰难，为幸福憧憬的心愿。这样我们会在对方劳动后递上一杯热水，在对方困惑时送一个微笑，在对方启程时送一个热吻，在对方流泪时为他（她）擦一擦眼泪。所有指责和埋怨，所有牢骚和抱怨，都会烟消云散。如果和孩子将心比心，我们就不会再把希望强压在孩子身上，不会给孩子太多的压力，不会强迫孩子违背意愿去做事。我们会以朋友的身份和孩子沟通和谈心，根据孩子自己的兴趣爱好提供宽松环境，让他们像鸟儿一样自由飞翔，寻找属于自己的一方天空。如果和朋友将心比心，我们就不会处处设防，不会在朋友困难时袖手旁观。朋友是财富，好朋友就像好翅膀，会助你飞上蓝天，朋友是可遇不可求的，所以交朋友要交心。如果我们和所有善良的人们将心比心，我们就会觉得生活不再闭塞，不再冰冷，不再无助，不再处处充满陷阱，我们的日子会充满阳光和鲜花，会多一份微笑。只要把将心比心付诸行动，幸福就会在前面等着我们。

将心比心，要遵循的原则是“害人之心不可有，防人之心不可无”。“害人之心不可有”，你害了人家人家也会害你，所谓“以牙还牙，以血还血”、“以其人之道还治其人之身”等都说明了此中道理。“害人之心不可有”，我相信大多数人都在坚守这个人生信条。“防人之心不可无”，这一点却常常为我们所忽略而没有摆到心上合理的位置。究其原因，也许是我们错误地默认为其他人也会像自己一样坚持“害人之心不可有”，其实我们的世界远没达到想像中的那样美好。

人生的道路从来不是平坦宽阔的，不要说上山下海，即使是走在宽阔平坦的大街上我们也不要大意。我们应该每看到一个沙井盖就告诉自己一次“防人之心不可无”有多么重要，因为一个失去的沙井盖地方能酿出多少悲剧，也许只有那个黑色的窟窿才知道。有时候，我们都不敢把人往坏处想，害怕越想越坏。只有努力地往好处想，才能感觉这个世界上的光明所在。换一句话说，把人往好处想的时候，人也会越来越好。把人往坏处想，人也就越来越坏了。将心比心就是理解和包容，宽容与理解是做人的一种美德，也是为人处世的一个准则。我相信人心换人心，我相信世间有真情，我相信心与心的感应，更相信播种什么就收获什么，愿人心永远对着太阳！

03. 诚 信

诚信是一种人格的基本。

《世说新语·德行篇》一文说，当华歆和王朗一起坐船逃难时，有一人想一同登船避难，但却遭到华歆屡屡拒绝。王朗持相反意见：“这船还有空间，为何不让他上船呢？”但是，后来眼看追船即将赶上，王朗想舍弃那个人。但华歆将那个人留下，并对王朗说：“我当初屡屡拒绝他登船，原因便在于此，你既然先前已经答应了别人的托付，怎么可以在最危急时背弃他呢？”后人便依此判定华歆和王朗的德行优劣。

我们认为华歆的德行修养的确高，但是世上之人能真正达到华歆境界的少，只达到王朗境界的人多呀！

以一朋友家父为例，前些日子其父去美术馆参观，他开车去接，而他父亲也答应了自己的同事，顺便载同事一程。当回到他父亲同事的家附近时，那位先生说请开进他家门口的胡同，方便他下车不用走太远时，此举却引起朋友父亲的不快。当同事下车后，朋友父亲开始念叨，认为载他已经是相当不错了，反正大马路离他家也只有一小段路，为什么要让我们开进去，这样等会儿开出来会不方便等等。

这不就是变相的王朗吗？虽然不似王朗想弃人于不顾，但在背后说人是非也不太合宜。既然已经答应了同事，何必在乎这一小段路呢？而这也是一般人常常不自觉犯的小错误。

所以“诚信”并不是局限于课本上的课文，想想看，你是否曾经也做过没有诚信的事情呢？从今天开始，试着把“诚信”从名词变为动词吧！

04. 心不依靠山，人要依靠人

诚心接纳别人，待人如己，人际关系必然温暖而祥和。

曾经听长辈说过一则故事——很早以前，一个偏远山区的村落里，住着一位小有名气的雕刻师傅。因为这师傅的雕刻技巧不错，所以附近一村庄的寺庙长老，就邀请他去雕刻一尊菩萨像。可是，要到达那村庄，必须越过山头与森林。偏偏这座山“闹鬼”，那些想越过山的人，若夜晚仍滞留在山区，就会被极为恐怖的女鬼杀死。因此，许多亲人、朋友就力劝雕刻师傅，等隔日天亮时再启程，以免遇到不测。

不过，师傅深怕太晚动身会误了和别人约定的时辰，随即感谢大家的好意而只身赴约。走啊走，天色逐渐暗淡，月亮、星星也都出来了，这师傅突然隐约发现——咦？

前面怎么有一女子坐在路旁，草鞋也磨破了，似乎十分疲倦、狼狈。师傅于是探询这女子，是否需要帮忙。当师傅得知该女子也是要翻越山头到邻村去，就自告奋勇地背她一程。

月夜中，师傅背着她，走得汗流浃背，于是停下休息。此时，女子问师傅：“难道你不怕传说中的女鬼吗？为什么不自己快点赶路，还要为了我而耽搁时辰？”

“我是想赶路呀！”师傅回答：“可是如果我把你一个人留在山区，万一你碰到危险怎么办？我背你走，虽然累，但至少有个照应，可以互相帮忙啊！”

在明亮的月色中，师傅看到身旁有块大木头，就拿出随身携带的凿刀工具，看着这女子，一斧一刀地雕刻出“一尊人像”来。

“师傅，你在雕什么啊？”

“我在雕刻菩萨的像啊！”师傅心情愉悦地说：“我觉得你的容貌很慈祥，很像菩萨，所以就按照你的容貌来雕刻一尊菩萨！”

坐在一旁的女子听到这话，随即哭得泪如雨下，因为她就是传说中的“恐怖女鬼”。

多年前，她只身带着女儿翻越山头时，遇上一群强盗，但她无力抵抗。除了被奸污，女儿也被杀害，悲痛的她，纵身跳下山谷，化为“厉鬼”，专在夜间取过路人的性命。

可是，这“满心仇恨”的女子，万万也没想到，竟会有人说她“容貌很慈祥，很像菩萨”！刹那间，这女子化为一道光芒，消失在月夜山谷里。

隔天，师傅到达邻村后，大家都很惊讶他竟能在半夜中，活着越过山头。而从那天后，再也没有夜行旅人，遇见传说中的“女厉鬼”了。

初听到这个故事时，心中真是感慨不已。

在现实的社会中，我们已被训练成“自我防卫”的心理，经常戴着“有色眼镜”看人，还不时小心翼翼地防着，免得被坏人“骗了、坑了”。就因为这样，人与人之间的关系逐渐淡泊了，尔虞我诈的事件增多了；人人都谨防着被骗、被害，气氛也常绷得剑拔弩张，少有人像“雕刻师傅”那样，能以“菩萨的心肠”来看待周遭的人与事。

我喜欢一句有点像广告词的话：

“握紧拳头时，好像抓住了许多东西，其实连空气都没抓到！张开双臂时，好像双手空空，但全世界都在你手心！”

是的，当我们“推开心窗”，阳光与清新的空气就会流淌进来，屋子里，就会豁然开朗。

“接纳别人，待人如己”，就像是张开双臂，只要我们都张开双臂，你我之间的关系，必能温暖且祥和，全世界也就都在我们手心！

05. 诚心有约

让我们诚实面对自己，面对别人，付出诚心。

在诚心、真心、爱心、耐心、信心、决心、恒心这七心中，人们总把诚心总排在首位，可见对诚心的重视程度。诚心对于商家就是诚信，就是信誉，说得再重点就是商家的生命。诚心其实就是做人的根本，没有了诚心，人就没有了灵魂，只剩下了躯体。所谓诚心，便是恳切真诚，诚心的反面，便是虚情假意。一个有诚恳心的人，讲话不会欺骗，不会花招，不用兜圈子去忽悠别人。不论对人对事，只要有诚心，便能对他人有益，也对自己有利。中国佛教史上有“顽石点头”的故事，那便是出于诚心的感动。在现代社会，人们更渴望着诚心或诚信。苏丹红和红心鸭蛋事件，就是见利忘义之徒不择手段毫无人性的对金钱的贪婪。这样的人丧失了诚心。

诚心付出终能收回感动。我们总要讲诚信，但是，面对越来越多诚心不明的人，我们该如何来坚持我们的诚信，怎样用诚心待人？如果用诚心换回了歹心和无义，我们又该怎么办？许多国家给诚心做后盾的就是法律和法规，都在道德上提倡诚心，惩罚虚假。诚心是一个国家、一个民族、一个社会生存的通行证。做人做事，都须讲诚心。社会缺少了诚心，将会是什么样子？所以诚心是人类走向更高文明和进步的保证。“诚心一片磁针石，不指南方誓不休”说得好。只要我们用诚心换真心，诚意换满意，最后我们始终会用诚心收回感动。现实中这样的例子太多了。

承诺就是在诚心交流的基础上，在对双方都有了更深刻的了解后,对自己人格的一种信任,因为一旦许下承诺就是灵魂上和道义上的责任。承诺来自诚心,心诚则有信任,有了信任,才能完成自己人格的一次飞跃,因为此时的你,已经进入了另一个人的灵魂。我们对待自己身边的人,应该诚心、虚心,这样才可以团结大家的力量来共同做一件事情。朋友之间的诚心交往,人与人之间真诚的沟通就是民族的高尚品格的形成。

06. 诚实的花朵

每一个人都要为自己的人生撒下诚实的种子，让其开出美丽的花。

公元前250年左右的古埃及，有位王子即将登基，不过根据律法，登基前必须先结婚。

结婚的对象未来要母仪天下，因此，必须要能让王子全然信任才行，所以王子听从智者的建议，召见当地所有年轻女子，打算从中挑选最合适的人选。

一位在宫廷服务多年的婢女听到消息，感到非常难过，因为她的女儿偷偷地对王子起了好感。

她回家后告诉女儿，知道女儿想去一试，心里非常恐惧。

“女儿啊，你去了又有什么用？皇宫里最有钱、最漂亮的小姐，全都会去。我知道你一定很痛苦，不过还是理智一点好。”

女孩回答：“妈，我神智很清楚，我知道不会雀屏中选，不过趁这个机会，至少能接近王子一下，这样我就心满意足了。”

当天晚上，女孩抵达皇宫时，现场的确佳丽云集，华服与珠宝令人目不暇接，她们都准备好要把握良机。王子宣布要进行一场竞赛，发给每人一颗种子，六个月后，能种出最美丽花朵的人，就能成为未来的王妃。

女孩把王子给她的种子种在花盆里。由于她对园艺并不在行，所以费了很多心思准备泥土。她相信，如果花朵能长得和她的爱一样大，就不用担心结果如何。

然而三个月之后，花盆里连根芽都没有长出来。她百般尝试，也请教过庄稼人，学过各种各样的种植方法，却是一无所获。尽管她对王子的爱依然真挚，觉得美梦离她越来越远。

六个月过去了，她的花盆里什么也没有长出来。尽管她什么也没有种出来，她还是告诉母亲，要依约回到皇宫。她心里知道，这是最后一次和心爱的人见面了，再怎么样也不能错过这个机会。

众佳丽回来晋见王子的那天，女孩端着什么植物也没有的花盆进入皇宫。她看到其他人的花都种得欣欣向荣、争奇斗艳，花形和颜色却有天南地北之别。

最后一刻终于到了。王子进入宫殿，仔细看了大家培育出来的花朵。看完之后，他有了中意的人选，宣布将迎娶这位婢女的女儿为妻。

其他的小姐愤愤不平，表示他选中的人，根本什么都没有培植出来。

王子心平气和地解释这次比赛的结果：

“这位小姐种出了唯一能够母仪天下的花朵，那就是诚实的花朵。我发下去的种子，全部都是煮过的，再怎么种也种不出东西。”

07. 诚心所致

诚心能够产生力量。

熊渠子是楚国人，从小决心要练就过硬的射箭本领。15岁那年，熊渠子辞别父母外出，拜名师学射箭。开始时，老师既不给他弓，也不给他箭，而是让他举石锁。熊渠子尽管不理解老师的用意，但是他想，既然老师让他这么做，那总是有道理的。于是他十分认真地用两只手轮换着将50斤重的大石锁一次又一次举起来。起初手还发抖，一年后，便举重若轻，50斤重的石锁在熊渠子手里已不算什么，老师便给他换成100斤的石锁继续苦练臂力。5年后，当熊渠子能举起300斤重的大石锁时，老师交给他一把大硬弓，还是没给他箭，老师让他每天对着目标瞄准，拉开弦和放开弦时双手不能有丝毫的颤动。熊渠子按照老师的教导又练了3年空弦，老师终于拿出箭来。这时候的熊渠子除了有强大的臂力外，还练就了一副敏锐精细的眼力，他在老师的指导下，抬弓搭箭，对准目标，百发百中，不论是空中的飞禽还是地上的走兽，就连敏捷的野兔子，只要被熊渠子的弓箭瞄准，便都是箭飞靶落，飞禽走兽全都不在话下。更为精彩的是，熊渠子百步开外举箭穿杨的本领，使他成为远近闻名的神射手。

25岁那年，熊渠子告别师父回家乡，一路上晓行夜宿。这一天走在路上，行至一片荒郊时已是夜间。突然，他看见前面正有一只老虎伏在路边，熊渠子冷不防吓出一身汗，他立刻下意识地抽出箭来，拉开硬弓，奋力朝老虎射去，不偏不斜正好射中。熊渠子赶紧趴下等待老虎做垂死挣扎。好一会过去了，老虎一点声响也没有，熊渠子想，老虎怎么就这么无声无息地死了呢？待他走近一看，哎呀，哪里是什么老虎，原来射中的竟是躺在路边的巨石，而且射出的箭有大半截已深深扎进石头中了。

熊渠子不禁心中奇怪：我怎么会有如此大的力气，竟将箭几乎全射进了巨石之中？于是他重新回到原来的位置，使足力气，朝巨石再射出一箭，只听“咣当”一声，箭未中石。熊渠子不服气，连发几箭，尽管使出全身力量，眼前除了箭与巨石相击火星飞迸，却再也一箭未中，箭都不知弹飞到哪里去了。

只有在真正全神贯注、意念专一时，才能产生意想不到的效果，这就是“诚心”所产生的力量。

08. 广结善缘

只有大才，知缘而且善用缘。

新光企业集团创办人吴火狮自幼刻苦耐劳，白手起家，历经五十年的勤勉自励，终于创业有成。综观他的一生，他的成功哲学除了“不断突破”之外，就是“广结善缘”四个字。

俗云：“小才不知有缘，不懂用缘；中才知有缘，但不善用缘；只有大才，知缘而且善用缘。”吴火狮就是一位善于用缘的大才。

他常说：“人脚会带来肥水。”这句话最足以说明他的“惜缘”。他在商场纵横数十年，平常待人圆满周到，极少树敌。他已是亿万富翁，但毫无娇贵之气，与三教九流都能打交道，并且融洽相处，所以人缘非常好。由于人缘好，遇有机会，别人自然鼎力相助，这是他成功之锁。

他以浓香的人情对待部属，他不主动辞退员工，而且与他见过一次面的员工，即使是工友，多年后他仍能叫出姓名。

员工的婚丧，他几乎都列席；员工因病住院，他经常亲往探望。

追随吴火狮三十多年的老干部吴家录，曾因病赴美开刀。在手术那天，吴火狮每隔数小时就会打越洋电话探问病情，公司里的部属都因此而感受到他的温暖与关怀。

他很喜欢与部属接近，握手、寒暄、话家常。每年到了年底发放年终奖金时，都由他亲自一一递交员工。由于员工众多，把年终奖金发完，要花掉他一星期的时间，但他毫不在意。

因为上述种种，新光的员工与其家属，对吴火狮都有一份无法解释的孺慕之情。所以，许多老干部愿意半辈子跟他，主要是为了感情的因素。

吴火狮就是这么一个“广结善缘”的人。

09. 如果你对自己诚实,没有人能欺骗你

诚实是破解一切人生难题的利器。

埃及的迪拉玛,被称为魔鬼城,它处在帝王谷的入口处。从比东法老到兰塞法老的600年间,凡是走进小城的外地人,没有不上当受骗的。

史书记载,第一个来到这里的外地人是位阿拉伯商人,他想贩些银器回国, 结果被一个带路的小孩骗走了脚上正穿着的一双皮靴。还有一个来自大马士革城的旅行者,他想到帝王谷去探宝,然而进城不到一刻钟,就被一个吉卜赛人连钱带行李骗了个精光。据传,印度一位道行最高的巫师漫游至此,也没逃过被骗的厄运,身上唯一的一件东西——铜蛇管,被一个哑巴骗走了。

对于魔鬼城之谜,历来众说纷纭。有的说,迪拉玛是狮子、水牛、天狼3个星座在地上的重心投射点,地理位置特殊,外地人走进这里头脑都要失灵;也有的说,是埃及法老图坦卡蒙的咒语在起作用,他说"凡扰乱法老安宁的人必死",在这个入口处,他在用"让你破财"的方式,仁慈地提醒你不要走进帝王谷。

然而,自从古希腊的一位哲学家来到这里,这些说法就被动摇了。因为他作为外地人,在城里住了一年,不仅头脑和原来一样清晰,而且随身携带的东西一件都没丢。有位罗马商人得知此事后很是兴奋,他想,一个能清白地走出迪拉玛的人,一定是破解了法老咒语的人。因为他知道,迪拉玛这座小城是图坦卡蒙法老有意安排的。据罗马的羊皮书记载:图坦卡蒙法老的陵墓修好后,为防止盗墓贼入侵,曾把关押在监牢里的3000名骗子秘密

流放到这里。法老相信，一类人的智慧能制约另一类人的智慧。

罗马商人决定去拜访那位希腊哲学家，他随自己的商队来到希腊，可惜那位哲学家已经去世5年了。希腊人告诉他，哲学家临终前在摩西神庙的石壁上留下过一句话，那句话是他从迪拉玛漫游归来后写上去的。于是，商人来到神庙，久久地凝视着石壁上哲学家留下的话，商人禁不住喃喃自语：说得多好啊！说得多好啊！然后匍匐在地，表达对哲学家的敬意。

2300年后的一天，一位考古学家在迦勒底山脚下挖出7个巨大的石碑，其中的一块刻着这么一行字：当你对自己诚实时，天下就没人能够欺骗你。这句话，正是那位哲学家留下的。

10. 诚实获得收获

诚实需要代价，但它会指导我们取得意外的收获。

1928年阿姆斯特丹世运会。

击剑决赛。一名意大利选手和一名法国选手争夺金牌，观众屏息静气地欣赏两位决斗者的技巧。

由于意大利选手手臂较长，法国选手的处境颇为不利，为此他的攻击比较果断，刺剑与挡开的动作像闪电般快速交换着。

忽然，裁判团介入，比赛停止，一位裁判认为他看到意大利选手击中了法国选手。群众屏息凝神，要是法国选手被击中的话，他就失去了金牌。

而最后裁判们却一致同意：没有碰到。

观众们舒了一口气。

但这时法国选手除掉面罩，举起剑套。他走到裁判员们面前宣布："我被击中了！"

裁决对他有利，但他却不接受。对他来说，真理比金牌更为重要。

波斯国皇帝病重，毫无复原的希望。他召集大臣，对他们说："我想要知道你们对我的看法。你们认为我是一个好皇帝吗？你们要毫无畏惧地说实话，我要赏给你们每人一颗宝石。"

大臣们一个接一个地走到皇帝的宝座前面，同时夸大其词地赞扬皇帝的美德。轮到智者埃拉姆时，他向皇帝说："我宁可不发言，因为真理是买不到的。"

皇帝答说："好的，我不给你任何报酬，你尽管自由地说吧。"

埃拉姆说:“皇上,你要知道我对你的看法?我想你是一个有许多弱点和缺点的人,和我们每个人一样。然而你的过失有更严重的后果:事实上,全国人民因赋税沉重而怨声载道。我认为你在举办宴会、建筑宫殿,尤其是战争方面花费过度。”

皇帝十分震惊于这些批评,他开始认真地反省。最后,他赏给大臣们每人一颗宝石,如他先前所许诺的。他却任命埃拉姆为宰相。

次日,那些谄媚者来到皇帝面前,说:“皇帝啊,那个卖给你这些宝石的商人应该被吊死,因为你送给我们的宝石都是假的。”

“这个我十分明白”,皇帝答说,“那些宝石跟你们的话一样都是假的。”

有时候,诚实需要我们付出极大的代价,但它值得,因为它终于指导我们取得意外的收获。

11. 诚心感动

诚心感动,"植物人"也能站起来。

小雪每天推动着轮椅,在郊外或公园里,让轮椅上的丈夫尽可能多地享受户外阳光,吸收新鲜空气。为了使他不寂寞,她不厌其烦地给丈夫讲述着各种故事,变着花样让他开心,然而丈夫似乎并不领情,依然板着面吼,不理不睬,没有任何表情。但是小雪并不气馁,几乎天天如此,人们经常可以看见小雪推着丈夫轮椅的身影,大街小巷,长廊公园。

几十年如一日,小雪守着个"死尸",天天"对牛谈情",外人都说她是一个不长见识的"傻婆娘"。可小雪总是笑笑说:"我相信丈夫会站起来的,总有那么一天!"

小雪推着轮椅上的丈夫走累了,坐下来歇歇脚,她突然心生灵感,想起了两人第一次约会的地方。小雪重又站起来,慌忙推着丈夫朝那个方向走去,她的心"突突"地跳动着,似乎又在赴那个约会。站在那棵榕树下,他们相拥的地方,小雪对着木讷的丈夫说:"海生,你还记得吗?这是我们第一次约会的地方。这里是我们的初恋,这里有我们的海誓山盟。我们俩好,却遭到父母的反对。他们说你个子不高,太老实,不同意我嫁给你,但是我始终守着'那棵树',经常往你家跑。生米做成熟饭,我成了你的妻子,后来有了我们的爱情结晶,我们共同的儿子'小猫'。现在小猫已经十多岁了,再过几年他就要念大学了!你听到了吗?"

丈夫的脸颊上突然有了一丝泪痕,小雪激动不已,拍拍丈夫的脸说："海生，几十年了，我还是第一次看见你流泪。你知道吗？我们这个家不能少了你，没有了你就没有了主心骨！谢天谢地，你终于能理解我的心，我们以后要常来这儿！"小雪像哄孩子似的，过个三两天便推着丈夫来到这个他们共结同心的地方。小雪给他讲些开心的故事，讲述她对生活充满痴情的感受。当她讲到好笑处，丈夫突然有了一丝微笑，小雪更加精神百倍。她对丈夫说："你以前一手打拼的公司企业，我交给了你的徒弟打理。他管理的很好，我们的账户每天都有四位数进账。我退下来的目的就是全职照顾你，请保姆我不放心！我想让你感受到一个做妻子的诚心，我是爱你的！"

小雪的行为感天动地，"死尸"丈夫竟然动了一下。小雪高兴地抱住丈夫，在他的额头上长长地一吻，丈夫又动了一下。小雪更有意识地讲述夫妻间的感情生活，一月下来，"死尸"丈夫的脸上竟有了血色，有时还会笑一下。小雪对丈夫的每一个"进步"都报以真诚的感动！

"山不在高，心诚则灵"，小雪的每一丝感动对丈夫的"起死回生"都是一种帮助，天不负人，丈夫终于能动了！

一个月高风静的夜晚，小雪推着轮椅上的丈夫又来到那棵榕树下，然后把丈夫从椅子上挪到两人第一次坐过的地方。小雪抱住丈夫说："你知道吗？这是我们俩恋爱时，第一次约会的地方。第一次你吻我，我羞得脸通红，那长长的吻，至今我记忆犹新！我能够理解你，你倒下了，是因为你有伟大的人格，你不想让自己的车碾过一个无辜的生命。你虽然需要到彼城急着送货拿订单，取回公司的救命钱！但你为了避让其他车辆，加上车速太快、刹车失灵，你连车带人掉进了悬崖。虽然活命，但你却完全变成了废人，你瘫痪在床二十三年，成为一个活生生的'植物人'。我是你的妻子，我相信你会重新站起来，我有这个义务，也有这个诚心！"

海生突然嘶嘶嘴说:“谢……谢……你……小……雪……”

小雪紧紧地拥着丈夫,泪水打湿了她的长衣!

又过了两个月,丈夫终于能够拄着拐杖走动了!小雪扶着丈夫,依然站在两人第一次约会的地方,遥望远方!

12. 人有诚心，佛有感应

唯有真诚的心可以感动万物。

在南天竺，有一个滨海国家名叫私呵絜。当时邻近有个小国，兵荒马乱，人民流离失所。其中有位老婆婆名叫阿龙，她一个人，漂泊来到私呵絜，没有住处，只得依赖行乞过日子。然而，乞讨的生活，毕竟非长远之计，何况她也日渐老迈。有一天，阿龙听说当地有一位大富长者，为人很慈祥，便前往长者家，恳切、谦卑地恳求他们的收留。长者夫人端详着阿龙，问她："你是哪里人？没有其他亲人了吗？"提到亲人，阿龙便难过地哭了起来："我并非本国人，家乡因为兵灾，亲人有的被杀，有的不堪旅途劳累，都先后离我而去，剩下我孑然一身，靠着乞讨过日子。"说着说着，阿龙更加的悲伤。

看到阿龙这般模样，长者夫人也感到怆然，说："你别哭了，就住下来吧！我们不会亏待你的。"阿龙高兴地不断称谢："我这把老骨头，也没什么可报答的，就请派个小差使让我做，我不怕劳苦，一定尽力而为。"夫人笑道："只要你不嫌弃，咱们就算是一家人，快别客气。"此后，阿龙便安心的住了下来，帮忙做些杂务。

有一天，阿龙奉主人之命，上街买日用品，就在远远的对街，看到了威仪端正的沙门们托着钵，缓缓地踱步而来。看到沙门，阿龙不自禁回忆起从前自家的盛况，原来，阿龙的家，曾经也是小有局面的人，又是虔诚的佛教徒，经常设宴布施供养三宝。而今，竟然穷到想供养，都心有余而力不足。想着想着，阿龙竟恍惚地走近沙门群，等回过神来，她则忙着合掌问讯。这时，阿龙看到沙门们的钵里是空的，便问："请问你们早起去托钵吗？是否得到供养了？"沙门回礼说道："早上入城托钵，一无所得，现在正要回去！"阿龙心里真想供养他们，但自己一无所有！怎么办呢？阿龙便说："让我回去看看，能找到愿意供养的人，我立刻就回来；若没有办法，我也会告诉各位的。"沙门们感受到阿龙的诚心，慈悲应允之后，就一齐到附近树下端坐等候着。

于是阿龙很快的回到长者家，对夫人道："夫人！我有急用，需要数千钱，我愿意卖身，终身当婢女，我们可以立个契约。"夫人听了之后诧异地反问："你在这儿吃穿不缺，要数千钱做何用途呢？"阿龙腼腆的低下头说："我私人有急用，不能说。"夫人则慈蔼地笑一笑，命人拿钱给阿龙说："拿去用吧！有钱时再还，我要契约做何用呢？"阿龙拿着钱，又赶到城里，找了约六十几户的人家，把钱分别散发给他们，并告诉他们如何做。

接着，阿龙回到树下并告诉沙门们，城里有好多乡亲，正等着供养他们。沙门们听了，便持着钵又折回城里。过了几天，阿龙又奉主人之命上街去，刚好又遇到沙门们。沙门便叫住了阿龙说："老婆婆，你究竟住在哪？怎么这几天我们走遍城内城外、大街小巷，都见不到你呢？"阿龙起先还支吾其词，沙门们又问了一遍。阿龙只好从头到尾，将自己的身世与自愿卖身以作供养的始末，据实以告。沙门们听了，为之动容，称叹道："施主！你可真是尽信施啊！"沙门们互相说道："我们为了这五阴所积聚的色身而乞食，想不到，今日所乞的食物，竟是施主卖身所换来！我们该如何报答施主的恩惠呢？"

于是，众沙门商量的结果，决定大伙一齐在禅定上精进不懈，因为众沙门精诚感应，很快获得禅定，证得神通。神威震动私呵絜，全国的树木纷纷弯曲，状如跪拜。沙门们将证悟的功德，全数回向给施主。

私呵絜国的国王，对于国内特异的现象甚感惊讶，急忙召集群臣共同商议。对于这些祥瑞的感应，没有人说得出缘由，于是便派人四处查看。不久，有人回报国王，说城门外，一群沙门聚集着，许多人们虔诚的礼拜、供养沙门，国内所有树木的瑞应，正是因此而来。

国王疑惑地问："他们为什么要供养那些沙门呢？"这人便将所听到有关阿龙的事，一五一十全报告给国王听。国王听了，便下令召阿龙入宫来。阿龙见到国王派来的侍卫，心中畏惧，只怕有横祸临头，便战战兢兢地告诉侍卫："我已经卖身给长者夫人了，并非自由之身，恐怕不能跟你们去。"侍卫只得回宫报告国王，国王说："就连夫人一并带来！"于是，夫人和阿龙在侍卫的引导下进入王宫，国王问起阿龙供养沙门的缘由，阿龙便将虔诚供养沙门的始末又再细说了一遍。国王聆听完之后，感叹的说道："我贵为一国之王，何等的富有，竟全然不知道尊敬三宝、供养沙门，真是不如这位老婆婆呀！老婆婆着实堪当我的老师！"

国王于是下令："尊阿龙为师，即刻命婇女们带阿龙去沐浴更衣，坐于师位。"国王更下令礼请沙门入宫，为国王受戒为优婆塞。阿龙和婇女们两万余人，受戒为优婆夷，举国上下皆发无上道心。

"人有诚心，佛有感应。"唯有真诚的心可以感动万物。典故中，老婆婆真心地虔诚供养，感动了沙门们发起精进用功的求道心，因而证得神通，使举国出现瑞相，也因此感动了国王及百姓得以敬信三宝，甚至皈依三宝，成为护法护教的佛弟子，足见真诚的可贵。我们也当学习以真诚心待人处事。

13. 一个诚心打动老板的故事

诚心感动自己，也感动别人。

学广告的我大学毕业南下后，通过朋友介绍，认识了天南广告公司的李总。李总说，其实公司目前不缺人，不过可以给年轻人一次机会。如果我在 3 个月内能够拉到 5 万元的业务，就聘用我，试用期内除提供差旅费和出差补贴外，其他一切费用自理。

我心里想：3 个月 5 万元，凭良心说，一个合格的广告业务员是该有如此业务量，就答应下来了。可是我没有料到做广告业务员会比我原来估计的还要困难，绝大多数的情况是我压根见不到有权拍板的企业老总，只能跟“外围人员”不断地谈天南广告公司的实力超卓和创意独特，而“外围人员”有的开门见山说我们公司的广告今年已经做完了，明年请早，有的稍有耐心听了我的一番“恳谈”，却要我拿出创意方案参加比稿。眼看着跑了近 2 个月却拿不到一单业务。

第三个月开始了，我收拾信心，重新披挂上阵，找到一家新建不久的大酒店。酒店的人说他们是有打算做广告，但要看总经理的意思才能做决定，而总经理实在太忙了，要找到他需要耐心才行。我在总经理办公室外等了 3 个上午后决定另辟蹊径。我接下来每天给总经理写一封信，就像一位耐心的情人，向总经理娓娓道来我对酒店的总体 CI 设计，并附上创意方案，可总经理一直没有给我回信也没有给我回电话。我于是决定再“等”下去，总要给个说法才善罢甘休。我打听到总经理车子的车牌号，就守在酒店外的停车场，又花去 3 个上午和两个下午的时间，终于被我等到了那个瘦得像电影明星葛优一样的总经理。他说："你的方案我都看了，我就知道你能'抓'到我。你这个人很有性格，我的秘书说你守在酒店里快两个星期了。"哦，想不到我自己已经被"反侦察"了。

经过几个回合的谈判，天南广告公司终于取得了这家酒店的广告代理权，但我却被总经理"挖"到酒店担任酒店形象策划。总经理说："人才难得，再聪明的人没有敬业精神，没有吃苦的打算，是干不了事业的。"

14. 我用诚心感动他

精诚所至,金石为开。

两年前,我来到这家在行业内很知名的公司的,因为来得晚,客户基本都要自己开发,以前往来一些大客户因为与现在的公司客户有重叠,就由公司原来的销售继续维护。公司的业务主要是来自工程需求,所以一笔订单的销售收入少则几十万元,多则数百万元。我听说外高桥内某处正在筹建厂房,所以就托人要来了这家公司工程部负责人的电话。没想到,他一听清我的意图就直截了当地拒绝了与我面谈的要求,他说已经找到了供应商,而且彼此一直合作很愉快,要我以后不要再打电话烦他。

我还没缓过神来,他电话就挂断了。事后几个销售有点幸灾乐祸地劝我,说这个人是个出名的怪脾气,软硬不吃。我没辙了,不敢再打电话给他。好在现在有电子邮件,逢年过节"应景"发份邮件给他祝福一下,公司有什么礼品也不忘送一份给他,然而他一次回复都没有。直到有一次,公司赞助了一个歌星演唱会,我寄了两张票子给他。那天,他打电话来冷冷地说"我不喜欢看什么演唱会,以后不要浪费"。我忍着脾气说我也不喜欢看歌星演唱会,都是公司里谈情说爱的年轻人结伴去看的,我不去,所以,多了两张票。我有点报复地说,以后有这种事不会再烦他了。没想到,他却来了个 180 度的大转变,问我现在公司待遇好不好,并说他有个年近 30 岁的妹妹还没有结婚,问我的公司有没有合适的人介绍给他妹妹。我听了真是又气又笑,不过我还是给他妹妹介绍了几回，当然这里有“发展客户”的动因。

我和他的接触逐渐多了起来，知道他卧病在床的母亲一直担心女儿的婚姻大事，他为了宽母亲的心所以才贸然要我帮忙的。我感于他的孝心，也曾介绍几个医生为他母亲看病。后来，他妹妹和我介绍的一个男青年恋爱结婚了，他母亲的病却没有起色。他母亲去世时，他在我面前痛哭并感谢我的帮助。我很触动地看到一个长期压抑的人在我面前的彻底宣泄。

不用说，他成了我和我家人的朋友。我到他的公司参观，他也到我的公司来看产品、谈业务。我得意地感到我的销售同事在见到他时投向我吃惊和佩服的眼光。至今，我和他的公司已经说成了几百万元的销售合同，我也因此在两年里就当上副经理。

第四味：信心

积极心态的力量

01. 绽放自信

当你相信某件事确实可以做到，就一定能找到方法。

自信来源于思想深处，是自己相信自己；自信来源于内在气质，是自己肯定自己；自信是知识的积累：勤学习，肯思考；自信是智慧的积淀：善表达，勇实践。

一只老鼠勤奋好学，准备去找世界上最有本领的人做老师。有一天，它突然发现，世界上最有本领的东西，不就是天吗？于是它去找天，要拜天为师。天告诉它：云比天更有本领，因为只要云来了，天就会被遮住。老鼠就去找云，云告诉它：风最有本领，因为只要风一吹，云就被吹跑了。老鼠再跑去找风，风告诉它，墙最有本领了，因为风一吹到墙那里，就被挡住而消失了。老鼠再跑去找墙，墙告诉它：世界上老鼠最有本领，因为老鼠会打洞，老鼠一来，墙就千疮百孔，摇摇欲坠。这时候老鼠恍然大悟：原来我是世界上最有本领的啊！

无论是学习还是工作中，我们不要过分羡慕别人的本领有多强，不要用放大镜看人家的长处。其实我们每个人都有每个人的优势，每个人都有每个人的才华，每个人都有每个人的魅力。我们不能放大了别人的优点，而小视了自己的长处，如果那样就会产生自卑心理，遇事畏首畏尾，裹足不前。失去自信，失去自我，造成被动的局面，会一事无成的。我们一定要树立信心，充分发挥自己的优势，相信自己，绽放自信。

自信可以缩短距离，有了自信，可以节省时间，加快速度，尽快地达到理想的目的。自信可以增加勇气，战胜困难，激发斗志，成就学业与事业。自信有广泛的意义，同样用于民族和社会的发展。自信可以产生造型：于是就有了气势磅礴的万里长城，有了金碧辉煌的布达拉宫，有了风景怡人的桂林山水，有了旖旎秀丽的星海公园；自信可以产生音符：于是就有了温馨幽雅的高山流水，有了动人心魄的二泉映月，有了悠扬动听的渔舟唱晚，有了激越悲壮的向天再借五百年；自信可以创造奇迹：于是就有了健跑如飞的刘翔的跨世一越，有了世人瞩目的神州六号的宇宙飞行。自信有深刻的含义，能充分挖掘人的自身潜能。有了自信，人站起来就是一座山；有了自信，人躬起身就是一座桥；有了自信，人躺下去就是一条路。

02. 信心为梦想插上翅膀

伟大的梦想都是以信心为支撑，信心是通向成功的唯一途径。

法国作家伊兹别塔写过一个童话故事，故事叫做《水镜》。主人翁是一位住在水城威尼斯的卖鱼人家的男孩，他梦想有朝一日成为一名水手，可以驾着船出去旅行，见识广大的世界。可是他的双亲却不允许他拥有这样的梦想。

父亲这样对他说："你将会成为一个鱼贩子！因为你的爸爸，你的爸爸的爸爸都是鱼贩子，所以你长大以后一定也是一个鱼贩子！"就这样，这个男孩每天刮着鱼鳞，扛着鱼篓，学习如何当一名鱼贩。可是，他仍在不断地向他的双亲复述着他想当一名水手的愿望。

终于有一天，他的父亲生气了，他对着男孩吼着说："好，等到有一天鸟会在水里游的时候你就可以去当水手了。你好好等着吧！"这时，母亲也在一旁补充说："对！不只是鸟在水里游，还要鱼在天上飞，那时候，你就可以去当水手了。"双亲说完这话，脸上甚至还闪过一丝胜利的神情，似乎颇为他们的想像力感到得意。

可是，男孩听了这番话后并没有现出沮丧的表情，反而问道："此话当真？"父母亲气定神闲地回答说："此话当真。"这时，男孩起身走向窗户看了看屋外的水道，回过头来对他的双亲说："那就是今天了。"他父亲一脸疑惑地反问："什么今天？"男孩说："就是今天我可以去当水手了。"妈妈说："难不成今天鸡长了牙齿？”

男孩回答说：“今天鸡长不长牙齿我不清楚。但是，今天‘鸟在水里游，鱼在天上飞’，就像你们所说的那样。”

说完，男孩就去整理行李，并不断地提醒他的爸妈说：“这可是你们亲口答应过的事喔。”不论爸妈再怎么劝说也无法使他们的孩子回心转意，男孩只是一再提醒他们要信守诺言，并要他们到窗口去亲眼看一看“鸟在水里游，鱼在天上飞”的奇迹。

爸妈心里想这个孩子一定是疯了。男孩轻快地背起他的行李，他要趁风尚未吹起，尚未搅乱这一切之前离开。男孩走后，爸妈到窗口呆看了老半天。他们什么也没有看见，除了水道像平常一样缓缓地流向大海。

03. 尼克松败于信心不足

信心常使你绝处逢生，充满生机；没有自信，再好的机会也会失去。

尼克松是我们极为熟悉的美国总统，但就是这样一个大人物，却因为一个缺乏自信的错误而毁掉了自己的政治前程。

1972 年，尼克松竞选连任。由于他在第一任期内政绩斐然，所以大多数政治评论家都预测尼克松将以绝对优势获得胜利。

然而，尼克松本人却很不自信，他走不出过去几次失败的心理阴影，极度担心再次出现失败。在这种潜意识的驱使下，他鬼使神差地干出了后悔终生的蠢事。他指派手下的人潜入竞选对手总部的水门饭店，在对手的办公室里安装了窃听器。事发之后，他又连连阻止调查，推卸责任，在选举胜利后不久便被迫辞职。本来稳操胜券的尼克松，因缺乏自信而导致惨败。

正是尼克松的不自信导致了水门事件的爆发，他不相信自己的实力，害怕连任失败，于是采取了违法的措施。1972 年 6 月，他指派自己的助手参与了对华盛顿水门饭店民主党全国委员会总部办公楼的窃听事件。1974 年 8 月，理查德·尼克松成为美国有史以来第一位辞职的总统，他是旷日持久的“水门丑闻”最高级的牺牲品。

1972 年 6 月，正当“水门闯入事件”爆发时，尼克松的声望奇迹般地达到了最高峰。为了击败民主党总统候选人乔治·麦戈文，尼克松已不需要那些有用或无用的政治情报。此外，华盛顿任何一个了解内幕的人都知道，民主党全国委员会只不过是一个空架子，有用的政治情报可到总统候选人办事处去找。既然如此，为什么要在此时此刻闯入水门大楼民主党总部去安装窃听器呢？

一切源于尼克松对自己的不自信，他困于过去失败的阴影中无法自拔，尼克松成了第一个因丑闻辞职的总统。

04. 不要在心里制造失败

要知道，失败是必不可少的人生过程，不必为此消沉。

决定一个人成功与否的关键因素是他怎样对待失败。

“失败”是个消极字眼，连它的声音都是消极的。除了“死亡”之外，恐怕没有别的字眼更令人听而生畏。当你听说某人已经失败时，就会在脑海中浮现出这样的画面：一个贫穷潦倒的人，也许连朋友也没有，金钱、成功、希望、美好的将来，都与他无缘……

大浪淘沙，优胜劣汰，成功总是属于那些备尝艰辛、异常顽强的人们！芸芸众生在对成功者头上的光环顶礼膜拜的同时，不禁悄悄地哀叹，成功者毕竟凤毛麟角，何年何时，成功之神才能对自己格外关照几分呢？在这种自艾自叹的消极心态中，我们也许早已错过了一次又一次成功的机会。

纵观历史，横览世界，一个出乎意料却又合情合理的论断如同闪电一样照亮了漆黑的脑海——成功者无一不是战胜失败而来！成功无一不是血汗与机智的结晶！

因此，在一定意义上，研究成功要从研究失败开始，超越失败则必然通向成功的彼岸。

正视失败，洞见失败，最终必定超越失败。

同其他人一样，你肯定也做过这样的梦：在梦中，你是一个包围在鲜花和掌声中的成功者，你为自己的成功而欢呼雀跃……但是，你却没有把这梦和鲜花变成现实，尽管你是一个屡败屡战的坚强者，一个有远大抱负的有志者，一个善于算计的精明者，一个被众人普遍赞赏看好的优秀者。

怎么会这样？你的失败令自己困惑。

你到底怎么了？你的失败令他人不解。

其实，原因或许很简单，由于你自己没有去想或者没有意识到自己存在着一些心理误区，你以为……但实际上却不然。

历史证明，凡成大事者，都能坚持不懈地追求梦想。不会制定成功战略的人，如果想成功，必须要有一套战胜失败的战略，以下的诀窍或许会对你有所帮助。

认清失败的本质。如何看待失败，完全是一个态度问题，只要你不服输，失败就不是定局。

检讨失败，吸取教训。要把失败看作是学习的机会。

看清自己的弱点。从失败中学习，最难的是找出并且正视导致失败的个人弱点。这个过程需要有真正坦诚的个性，一旦你看清自己的弱点，就要开始努力克服。

成功是一连串的奋斗。千万不要把失败的责任推给你的命运。如果你失败了，那么继续奋斗吧！

毅力要与行动结合。

告诉自己："一定能做到！"如果你一遇到困难就认为无法解决，那么就真的不会找到出路，因此一定要拒绝"无能为力"的想法。不要钻牛角尖。如果遇到一个难以解决的困难，不如先停下来，找出原因，然后再重新开始。

学会专注。

有必胜的信心。

屡败屡战。

绝不能等待。如果在困难面前你只是期待别人的帮助，你只会得到失望。

抛弃消极思想。

把握要点。俗话说："打蛇要打七寸。"对待问题，也要把握住问题的“七寸”，要能把问题“置于死地”。

正确下饵。积极思考，是激发积极行动的动力。

开口求助。拒绝或忽视可能的协助，只会导致失败。

不要在心里制造失败。要记住，如何失败，都只不过是不断茁壮发展过程中的一幕而已。

05. 不要怕，不后悔

生命是有期限的，不要错过属于你的东西。

30年前，一个年轻人离开故乡，开始创造自己的前途。他动身的第一站，是去拜访本族的族长，请求指点。老族长正在练字，他听说本族有位后辈开始踏上人生的旅途，就写了三个字：“不要怕。”然后抬起关来，望着年轻人说：“孩子，人生的秘诀只有六个了，今天先告诉你三个，供你半生受用。”

30年后，这个从前的年轻人已是人到中年，有了一些成就，也添了很多伤心事。归程漫漫，到了家乡，他又去拜访那位族长。他到了族长家里，才知道老人家几年前已经去世，家人取出一个密封的信封对他说；“这是族长生前留给你的，他说有一天你会再来。”还乡的游子这才想起来，30年前他在这里听到人生的一半秘诀，拆开信封，里面赫然又是3个大字：“不要悔。”

中年以前不要怕，中年以后不要悔。“不要怕”这三个字虽然简单，而实际上能够真正做到却并不容易。不要怕失败，不要怕遭到嘲笑，如果自己想做，那么就要坚信自己，积极的展开行动。

你曾经买了一件很喜欢的衣服去舍不得穿，关重地供奉在衣柜里。

许久之后，当你再看见它的时候，却发现它已经过时了。所以，你就这样跟它错过了。

你也曾经买了一块漂亮的蛋糕却舍不得吃，郑重在把它供奉在冰箱里。

许久之后，当他再看见它的时候，却发现它已经发霉了。所以，你也这样与它错过了。

没有在最喜欢的时候穿上身上的衣服，没有在最可口的时候品尝的蛋糕，就像没有在最想做的时候去做的事情，都是遗憾。

生命也有保存期限，想做的事该趁早去做。

如果你只是把你的心愿郑重地供奉在心里，却未曾去实行，那么唯一的结果就是与它错过，一如那件过时的衣服，一如那块发霉的蛋糕。

06. 信心成就目标

信心之于成功，正如空气之于生命，是绝对必要的。

据美国劳工部统计，一百个美国人当中，只有三个人能在65岁时，获得某种程度上的无忧无虑。

也就是说，每100个65岁的美国人当中，97个人一定要依赖他们每个月的社会保险支票才能独立生活，这是不是表示着“美国梦”已经破裂了？这是不是表示通货膨胀已失去了控制？是不是表示石油输出国组织控制了美国的能源供应，因而引起世界性的经济不景气？

不可否认，世界经济情况对美国人的生活确有影响。不过，另有一些主观因素，拿破仑·希尔认为它们与环境因素同等重要。

每100个人从事高薪职业——例如律师、医生——的美国人当中，只有5个人活到65岁时，不必依赖社会保险金。你听到这项统计数字之后，是否会大吃一惊？不管人们在他们最具生命力的年龄中获得怎样的收入，还是只有如此少数的个人能达到可观的经济成就。

大多数人都幻想他们的生命是永恒不朽的，他们浪费金钱、时间以及心力，从事所谓的“消除紧张情绪”的活动，而不是去从事“达成目标”的活动。大多数人每周辛勤工作，赚够了钱，然后在周末把它们全部花掉。

大多数人希望命运之风把他们吹进某个富裕而又神秘的港湾，人们盼望在遥远未来的“某一天”退休，在“某地”一个美丽的小岛上过着无忧无虑的生活。倘若问他们将如何达到这个目标，他们回答说:“一定会有某种方法的。”

如此多的人无法达成他们的理想，其原因在于:他们从来没有真正定下生活的目标。拿破仑·希尔告诉我们，有了目标才会成功。

目标是对于所期望成就事业的真正决心。目标比幻想好得多，因为它可以实现。没有目标，不可能发生任何事情，也不可能采取任何步骤。如果个人没有目标，就只能在人生的旅途上徘徊，永远达不到任何地方。

信心之于成功，正如空气之于生命，是绝对必要的。如果没有空气，没有人能够呼吸;如果没有目标，没有人能够成功。迈森瑞先生之所以能够从周薪25美元的工作，迅速升到副董事长的职位，不久后又升任公司的董事长，是因为他有目标，并随时鞭策他。他对目标的解释是:“你过去或现在的情况并不重要，将来想要获得什么成就，才是最重要的。”

要保持高效率，制定目标就不应该仅此一次。没有人把目标定好了，实现了就能躺下睡觉。定出来的目标还要时时检查、规划、执行，并以发展的眼光来评估。客观情况有时需要你在一些方面灵活处理。观点变了，目标就要修改。要记住，在实现目标的过程中，你自身的提高要比达到既定目标更为重要。

制定目标应该成为一种生活方式，但每一个人都必须在某一点上起步，才能逐渐成为一个事事都想着目标的人。大多数人并非天生就有这个本领。

以下就是开始制定目标的六个步骤:

1.确定你的理想及起跑线。只有当你知道指南针上的第五点——即你现在所处的位置时，地图和指南针才能发挥作用。

2.把目标清楚地表述出来。使自己能集中精力想出最佳办法，把自己的人生目标清楚地表述出来，说到底每个人都希望发现自己的人生目标并为实现这个目标而生活。

3.把整体目标分解成一个个易行的小目标。你制定的每一个目标和为达到目标而做的每一件事都必须指向你的人生目标。

4.行动起来，你可以界定你的人生目标，认真制定各个时期的目标，但如果你不付诸行动还是会一事无成。

5.定期评估计划执行情况。定期评估进展，是跟行动同等重要的。随着计划的进展，你有时会发现你的短期目标未必能使你向长期目标靠拢。或者，你可能发现自己当初的目标不好实现。

6.请你一定记住：没有目标，就没有成功。

07. 小泽征尔胜于自信

自信心已经让你成功了一半，成功来自信念上的差异。

小泽征尔是世界著名的交响乐指挥家。在一次世界优秀指挥家大赛的决赛中，他按照评委会给的乐谱指挥演奏，敏锐地发现了不和谐的声音。起初，他以为是乐队演奏出了错误，就停下来重新演奏，但还是不对。他觉得是乐谱有问题。这时，在场的作曲家和评委会的权威人士坚持说乐谱绝对没有问题，是他错了。面对一大批音乐大师和权威人士，他思考再三，最后斩钉截铁地大声说："不！一定是乐谱错了！"话音刚落，评委席上的评委们立即站起来，报以热烈的掌声，祝贺他大赛夺魁。

原来，这是评委们精心设计的"圈套"，以此来检验指挥家在发现乐谱错误并遭到权威人士"否定"的情况下，能否坚持自己的正确主张。前两位参加决赛的指挥家虽然也发现了错误，但终因随声附和权威们的意见而被淘汰。小泽征尔却因充满自信而摘取了世界指挥家大赛的桂冠。

08. 打破你心中的冰点

控制住你的思想，否则它会控制你。

信心是一种心境，有信心的人不会在转瞬间消沉沮丧，而没有信心的人，只能成为困难和危险的阶下囚。

美国赛利曼博士是一位著名的心理学家。他花了二十多年，找了一万多人做一些心理实验，实验的结果显示，悲观的人往往会生出病来，有些严重的甚至会导致死亡。

塞利曼博士举了下面这个实例来说明：

作为一家铁路公司的调车人员，尼克工作相当认真，做事也很负责任，不过他有一个缺点：他对人生很悲观，常以否定的态度去看这个世界。

有一天，铁路公司的职员都赶着去给老板过生日，所以都提早急急忙忙地走了。不巧的是，尼克一不小心竟被关在一个待修的冰柜车里面。

尼克在冰柜车里拼命地敲打着、叫喊着，然而全公司的人都走了，根本没有人听到。尼克的手掌敲得红肿、喉咙叫得沙哑，始终也没人理睬，最后只得颓然地坐在地上喘息。

他愈想愈可怕：冰柜里的温度只有华氏零度，如果再这样下去，一定会被冻死。他只好用发抖的手写下遗书。

第二天早上，公司里的职员陆续来上班。他们打开冰柜，赫然发现尼克倒在地上。他们将尼克送去急救，然而为时已晚，尼克的身体早已没有生命的迹象。但大家都很惊讶，因为冰柜里的冷冻开关并没有启动，柜里的温度一直都是华氏 61 度，而且这巨大的冰柜里也有足够的氧气，但尼克竟然给“冻”死了！

其实尼克并非死于冰柜的温度，而是死于自己心中的冰点。他已给自己判了死刑，又怎么能够活得下去呢？由此可见，是否自信，是否能保持冷静，有时会直接关系到我们的生死存亡。

如果你认为自己无望而无助，那么毫无疑问，你的确无望而无助。如果你认为自己既有能力又有效率，你也许真的会既有能力又有效率。一种想法注定了失败，而另一种想法则可以引领你迅速得到成功。

恰像一句古谚语所说的：如果你认为自己不错，或者你认为自己不可能错——你永远都是对的。控制住你的思想，否则他们就会控制你。让你的思想服务于你，从而使你的潜能最大限度地发挥出来，而不要让它像一个孩子，扰乱你的生活，进而葬送你的一生。

接受自己。从现在开始，从此刻开始，不要等待虚幻的明天。爱现在的自己，这就足够了。

欣赏自己。千万不要误以为我的身体特征很丑陋，它们正是使你与众不同的地方。不要放过任何一个赞美你自己优点的机会。

相信自己。把所有你做得很好的事情回忆一遍——那代表了你的技能、资质、聪明和能力。然后把清单贴在你梳妆柜的镜子上，以便你可以经常看见它们，帮你树立自信。

教育自己。如果缺少教育成为你前进的阻力，而且它使你感觉到不值，那么回到学校去吧！已经不会有更多的机会和选择了。学习会打开你的眼界，扩充你的知识，激发你的潜能，帮你获得不可动摇的信心。

09. 把心点燃

信心唤起的第一种力量就是热情，它让你充满活力。

成功者的一个特性是他们都拥有热情。

某家公司里有个叫A的推销员，他在自己负责的地区里，每月能推销20万元的产品，这是这家公司每月推销额的最高纪录。上司觉得A有希望，便派他去更大的、更有希望的地区负责推销工作。上司认为，以A的能力他会取得更大的成绩。可是，第二个月A的推销额仍然是20万元。不久，A又被派到本公司最不容易出成绩的地区，但他在那里的月推销额仍是20万元。这究竟是怎么回事呢？通过谈话得知，问题不在于他所负责的地区，而在于这个推销员的自身态度。这个推销员对自己下了这样的定论，认为自己就是实现月推销额20万元的人。不论客观情况发生了怎样的变化，对于他来说，都没有多大区别。

被派到成绩上不去的地区时，他为达到20万元推销额拼命工作。但是，来到易出成绩的地区时，因为得到20万元推销额很容易，他就经常偷懒。说来也怪，一旦达到了目标，他不是身体有病，便是出了事故。除此以外，这个推销员一发现操纵自己的不是作为推销员的内在实力，而是自己的精神状态和工作态度这一事实，他就很快地刷新了过去的纪录。

人们当中，和这个推销员一样被同样的锁链锁住手脚的人，比我们想像的还要多。在人生道路上，我们之所以地位低，成绩做不大，往往不是因为能力差，而是自己低估了自己，对自己所做的工作缺乏热情。所以，你要重新评估自己，让心中燃起热情，这将改变一切。

另外，热情还有一个重要特点，就是能产生强烈的感染力。你也许有过由于小卖部店员的热心推荐而买了许多东西的经历吧！或者见到过热情的讲演者使听众狂热的情形吧！假如你充满热情，你周围的人也会受到感染。当然，要想为别人使劲，使别人热情，首先自己就必须热情。

如何才能拥有热情？基本方法并不难，可以采取以下三个步骤：

·了解自己的真心

要进一步深入研究你自己，可以考虑一下你感兴趣的事物和完全不感兴趣的事物，如打扑克、听音乐或参加体育活动。然后问自己："我对这些事物，究竟了解多少呢？"回答大概十有八九是"不太了解"。

这件事情不正向我们表明了产生热情的关键所在吗？为了提高热情，对过去不感兴趣的事，即使看起来像数学公式般枯燥无味的东西，如果研究之后了解了其意义，也能产生无穷无尽的兴趣。

经验证明，越是深入研究越能产生热情。

其次，在必须做自己不愿做的事情时也要试用这个原理。还有，对某件事情感到十分厌烦的时候，也可试用一下这个原理。

只要深挖，兴趣之泉就会自然涌现。

·做什么都要有活力

你是否有热情，通过你的一言一行会全部表现出来。你以鞠躬表现你的诚意，那么，鞠躬时不应是似鞠非鞠的样子，而是发自内心，表现出"你来了！我实在高兴"，"见到你太高兴了"的心情。在你的微笑中也要表现出诚意，要用眼睛微笑。没有一个人不喜欢自然的微笑，微笑要发自内心。

谈话要表现出诚意，充满活力。无论对上司谈话，对有希望的顾客谈话，还是同小孩谈话，都要充满热情。

你知道"行动产生感情"这句话吗？

这句话是说，行动和感情是相辅相成的，你能够按照自己的欲望去行动。同时，通过行动，你也能感到整个情绪的提升。

所以，在你赋予自己话语活力的时候，会自然地赋予你自身更多的活力。请你劲头十足、充满活力地说一遍："今天太棒了"看看，你一定会感到比说这句话之前精神好多了。

·传递好消息

不论在什么情况下，如果有一个人进来说："有个好消息！"这时不论是你还是我，都会把百分之百的注意力集中到那个人身上。好消息有很强的感染力，不仅能吸引注意力，还能激发热情。要向家人传递好消息，回顾你所经历的、有趣的、愉快的事，把不愉快的事放到脑后。传递坏消息是没有意义的，坏消息只能让你的家人伤脑筋，要学着每天给家里带来一丝光明。

好消息换得好结果。传递好消息，不仅能使你充满活力和热情，使你信心百倍，也能使别人充满热情，精神振奋。

10. 相信自己

相信自己,没有什么不可能。

有位年轻人在大学里上学,有一天他忽然发现,大学的教育制度有许多弊端,便马上向校长提出。他的意见没被接受,于是他决定自己办一所大学,自己当校长来消除这些弊端。

办学校至少需要100万美元,上哪儿去筹这么多钱呢?等毕业后去挣,那太遥远了。于是,他每天都在寝室内苦思冥想,如何能有100万美元。同学们都认为他有神经病,但年轻人不以为然,他坚信自己可以筹到这笔钱。

终于有一天,他想到一个办法。他打电话到报社,说他准备明天举行一个演讲会,题目叫《如果我有100万美元怎么办》。第二天,他的演讲吸引了许多商界人士参加,面对台下诸多成功人士,他在台上全心全意、发自内心地说出了自己的构想。

最后演讲完毕,一个叫菲立普·亚默的商人站了起来,说:"小伙子,你讲得非常好。我决定给你100万,就照你说的办。"

就这样,年轻人用这笔钱创办了亚默理工学院,也就是现在著名的伊利诺理工学院的前身,而这个年轻人就是后来备受人们爱戴的哲学家、教育家冈勒斯。

其实,做什么事,信心很重要,而付诸行动就更重要。有人说,敢想就成功了一半,那另一半就是去做。这样,你就一定会成功。

11. 最有力量的名言

一看见目标就义无反顾的人，可以征服世界。

苏格拉夫顿女士是美国著名的侦探小说作家，她讲述了自己的成名之路。

“如果25年前，就有人告诉你，你将得到你想得到的一切，但是你必须等到25年后，你那时作何感想？而眼前的路你该如何走下去？”

她不停地写，在25年沉寂的日子里，她不被赏识的作品居多，直到她写满了25年之后，她的一本书才受到电视公司的青睐，这才扬眉吐气，迈入作家之林。

如果你一直对自己充满信心，但是你身边的人一直告诉你“这是不可能的”，这样的日子你能够撑多久？你真能如苏格拉夫顿女士般一撑就是25年，只为实现诺言的那一天？

作家托尔斯泰的一生就是一本传奇小说。出身富家的他年轻时非常地注重服饰，并时常进出上流社会。大学时期的他因为功课不佳留级，尔后，竟写出《战争与和平》、《安娜·卡列尼娜》两本流传后世的作品。老年之际，他一反年轻时的行径，崇尚简朴，常常穿得像贫困的穷人，并写些精简短文，挨家挨户推销，希望拯救世人。他一生的不幸来自婚姻，妻子与他个性迥异，她喜爱奢华，他却喜欢平凡静修的生活，这导致他晚年离家出走，带病流落到一个小车站，并留下他人生的最后一句话：

“人生要不断地追求！”

一位不幸、病重、沮丧的老人，最后竟吐露出如此光明且积极的话，不禁令人深思再三，引为自勉。

12. 握住自信

自信就是成功的第一秘诀。

有一位女歌手，第一次登台演出，内心十分紧张。想到自己马上就要上场，面对上千名观众，她的手心都在冒汗："要是在舞台上一紧张，忘了歌词怎么办？"越想，她心跳得越快，甚至产生了打退堂鼓的念头。

就在这时，一位前辈笑着走过来，随手将一个纸卷塞到她的手里，轻声说道："这里面写着你要唱的歌词，如果你在台上忘了词，就打开来看。"她握着这张纸条，像握着一根救命的稻草，匆匆上了台。也许有那个纸卷握在手心，她的心里踏实了许多。她在台上发挥得相当好，完全没有失常。

她高兴地走下舞台，向那位前辈致谢。前辈却笑着说："是你自己战胜了自己，找回了自信。其实，我给你的，是一张白纸，上面根本没有写什么歌词！"她展开手心里的纸卷，果然上面什么也没写。她感到惊讶，仅仅凭着一张白纸，竟顺利地度过了难关，获得了演出的成功。

"你握住的这张白纸，并不是一张白纸，而是你的自信啊！"前辈说。

歌手拜谢了前辈。在以后的人生路上，她就是凭着握住自信，战胜了一个又一个困难，取得了一次又一次成功。

13. 只有信念，才使自己不至埋没

人必须首先提拔自己，栽培自己，相信自己就会有希望。

以下是一则曾令松下幸之助非常感动的故事。

松下先生一位企业界的朋友，有一回投宿一家饭店，在饭店中遇见一位女清洁工，她直率地向这位企业家借钱。

“我想要经营一家这样的饭店，我相信我可以经营得很好。”女清洁工说道。

这位企业家因为常常遇见毛遂自荐，或是要求经济援助的人，所以对于这样的要求，他平淡视之，并不在意。

然而，当他看见这位女清洁工拿出自己的存款簿时，他的态度改变了，因为在存款簿中，记录着15年来她辛苦存下来的钱。

“我还缺一点点的钱，希望您能帮助我！”女清洁工接着说道。结果，这位先生慷慨解囊。

一块砖头砸下来，会砸死一堆怀才不遇的人，唯有先求自立，自我努力一番，才能在一堆怀才不遇的人之中最先出线。

相信才会有希望！对信念执著而且努力积极的话，信念会为你指引走向光明人生的道路，若你是个人才，那就请积极地努力吧！做到这些，一切美好的前景就不远了！

14. 排山倒海的信心

无论你内心感觉如何，我们都要摆出赢家的姿态。就算你落后了，请保持自信的神色，仿佛成竹在胸，这会让你心理上占尽优势，而终有所成。

某小国与邻邦的强国交恶，双方的冲突与日俱增，战争的危险逼使小国的大使与强国首相坐上谈判桌。

双方剑拔弩张，小国大使不惜以开战来威胁强国。

小国大使说："我国拥有军车30辆，飞机80架，足以攻击贵国。"

强国首相轻蔑笑道："我们的军车和飞机数量，要多过你们100倍。"

小国大使仍不示弱，继续恐吓对方："我国有25000人的精良部队，能够占领贵国。"

强国首相大笑："我们拥有的军队，人数多过你们100倍。"

谈判至此，小国大使显露慌张神色，表示必须先向国内请示之后，方能再继续谈下去。当双方再度展开谈判时，小国大使的态度有了180度的转变，趋向妥协，转而向大国求和。强国首相诧异对方的改变，以为小国为己方国力强盛所震撼，故而细问小国大使求和的原因。

小国大使神色自若地回答："不是我们惧怕你们的兵力，而是我们的国土太小，实在容纳不下250万名战俘。"

从小国大使的身上，我们看到了无比的自信。

有自信的人，从未想过失败。小国仅拥有少得可怜的兵力，却依然认真地考虑战胜后，狭窄的国土是否容纳得下为数众多的敌方战俘。

对自己的内在实力有绝对信心的人，可以克服任何的困难与挫折。他们的眼光，只定位在成功之后能够获得的诸多成果；他们的信心正确地引导着他们，使他们不去想像失败的凄凉光景，从而得以避开那条满布陷阱的失败道路。

每一位成功者都很清楚一件事，上帝一定不会创造一件废物留在这个世上；他们十分了解上天所赋予他们的使命，并坚定地相信，自己必定会顺应天命，从而迈向成功的顶峰。

绝对的信心，加上不断的行动，几乎就是成功的公式了，只要秉持这个原则，持续而重复地去运作，所发挥出来的威力及获致的成果，恐怕尚在你的想像之外。

或许我们时常发现，自己只拥有小国般稀少的实力，但只要你的信心充足，终将能够击败强国，并且有足够的疆土，得以收容一切战利品。

15. 不，可能

若不给自己设限，则人生中就没有能限制你发挥的藩篱。

举世知名的潜能激励大师，也是将美国钢铁大王安德鲁·卡耐基的成功哲学公诸于世的畅销书作家拿破仑·希尔，在幼年时就立下大志，长大后，一定要成为一位名作家。

希尔的决心是非常坚定的。同时，他也很清楚，要成为名作家，一定要先拥有娴熟运用文字的技巧，所以他必须先买一本好字典。可是，生长在穷困乡间的他，要获得足够的零用钱去买一本好字典，几乎是绝不可能的事。

抱持积极思想的小希尔却不接受这个事实，他竭尽所能地去积攒所能获得或赚得的每一分钱，终于有一天，他存够了钱，买到一本字数最多，内容最详尽的好字典。

如果你用辛苦多年存下的钱，买了一样自己梦想已久、渴望获得的东西，你将会如何珍爱它呢？

希尔拿到他的字典后，第一件事便是翻到“Impossible”（不可能）这个字，随即把这个字剪下来丢弃。他说，我的字典中，绝不要有“不可能”这个字；我的一生中也永远不要有不可能完成的事。他，经岁月证明，确实成功了。

你是否和拿破仑·希尔一样，也想立即找来字典，剪下“不可能”的字眼丢弃，让自己的人生中从此不再有不可能完成的事？

或者，你再仔细一想，哪有这么简单的事，只要剪下字典中“不可能”这个字眼，就能一生顺利，从此迈向成功，太夸张了，那是——不可能的。

其实，也不一定要像希尔那样将“Impossible”这个字剪去，只要你能在“I”和“m”这两个字母当中，加上一个小撇，使之变成一个短句：“I′m possible.”（我是可能的），并和希尔一样，从此对万事皆抱持可能的意念。加上的这个小撇，正是你对自己的信心；如果你还是没有自信，不妨用这个故事来作为加上的那个小撇。

从此刻起，当你想起某件不可能完成的工作或理想时，也建议你加个逗点：“不，可能。”“不”字可以立即否定您所存的不可能思想；而这点之后的“可能”二字，则能点燃你亟欲去完成目标的雄心。

去掉盘踞在心中的任何“不可能”思想，代之以凡事皆有可能完成的绝对信心，你将会发现，当思绪脱离“不可能”的纠缠之后，强烈的欲望便可立即涌现，并开始促使您往绝对可能的成功领域迈进，终致使你获得思想中所盼望的成就。

希尔发现，现实中成功者之所以只占少数，正是因为大多数人都太熟悉“不可能”这个字眼，结果成功对他们而言，变成困难而遥不可及的事物。

拿破仑·希尔去除了他思想中的“不可能”，建议你可以学习他，让自己在语言、思想中，不轻易使用“不可能”这个字眼。是的，任何事都能成。

16. 一毫米的自信

我只有一个忠告给你——做你自己的主人。

他是杂技团的台柱子，凭借一出惊险的高空走钢丝而声名远扬。

在离地五、六米的钢丝上，他手持一根中间黑色，两端蓝白相间的长木杆作平衡，赤脚稳稳当当地走过10米长的钢丝，从未有过丝毫闪失。

一次，长木杆不小心折断了。团里非常重视，不惜高价找来了粗细相同、长短一致、重量也一样的木杆。直到他觉得得心应手时，团长才请油漆匠给木杆刷上与以前那根木杆相同的蓝白相间的颜色。

又是一次新的演出。在观众的阵阵掌声中，他微笑着赤脚踏上钢丝，助手递给他那根蓝白相间的长木杆。他从左端开始默数，数到第10个蓝块，左手握住，又从右端默数第10个蓝块，右手握紧，这是他最适宜的手握距离。然而今天，他感到两手间的距离比他以往的长度短了一些。他心里猛地一惊，难道有人将木杆截短了？不可能啊？他小心翼翼地把两手分别向左右移动，一直到适宜的距离才停住。他看了看，两手都偏离了蓝块的中间位置，他一下子对木杆产生了怀疑。

刚走了几步，他第一次没了自信，手心开始有汗沁出。终于，在钢丝中段做腾跃动作时，一个不留神，他从空中摔了下来，折断了踝骨，表演被迫停止。事后检查，那根木杆长度并没变，只是粗心的油漆匠将蓝白色块都增长了一毫米。

很多时候，我们的自信都是受习惯思维的影响。木杆的长度没有变，但自信的距离改变了。就是这一毫米长度的变化，影响了他的成败。

17. 给我一个理由，我就能成功

失败可能需要很多借口，但成功只需要一个理由，那就是我要成功，我一定成功！

你要什么，往往你就能得到什么；如果你连想都不敢想，你又能得到什么？

积极的思考会带来积极的结果。劳埃尔·皮科克说过：成功人士的首要标志，是他思考问题的方法。一个人如果是个积极思维者，实行积极思维，喜欢接受挑战和应付麻烦事，那他就成功了一半。

有一对父女的关系非常紧张。父亲经常指责女儿，女儿则反诘父亲，父女俩争吵不止。父亲非常苦恼，于是去请教一位人际关系专家。专家告诉父亲：不要一味指责女儿，要想法赞美她。

父亲遵从了专家的劝告。当女儿开车很稳时，父亲适时赞美了女儿一句："开得很稳，我很喜欢。"

听了父亲的赞美，女儿受宠若惊，开车更加小心。父亲又赞美了她一番。

由于不断听到父亲的赞扬，女儿再也不抱怨父亲，父女关系从此改善。

思维的差异决定了人生的差异，克莱门·斯通说：人与人的差别只是一点点，但这小小的差别却造成了极大的不同。小小的差别是思维方式，究竟是积极的还是消极的，极大的不同就是成功与失败。

1877 年，爱迪生主持灯泡试验。试验过去了 100 多天，试用的灯丝材料已逾1000种。每当一种材料不行时，别人都说“又失败了”，而爱迪生却说：我们起码知道又有一种材料不适合做灯丝，这难道不是一种成功吗？

信念终于支持爱迪生发明了灯泡。

曾国藩与太平军作战时多次失手，手下文书起草给清廷的奏折时把这种情况写成“屡战屡败”，曾国藩见后大笔一挥，把“屡战屡败”改成“屡败屡战”。一字之差，意思截然相反，正像拿破仑所言：“人生之光荣，不在永不失败，而在能屡仆屡起。”

思维的态度，决定人生的高度，成功人士与失败者之间的差别是：成功人士始终用最积极的思考，最乐观的精神和最辉煌的经验支配和控制自己的人生。失败者刚好相反，他们的人生是受过去的种种失败与疑虑所引导和支配的。

一位俄罗斯运动员和一位美国运动员同时参加铅球比赛，论实力，俄罗斯运动员要超过美国运动员。

比赛的前一天晚上，两人先后到场地练球。美国运动员不管怎样也投不了俄罗斯运动员那样远，她干脆拿铅球在俄罗斯运动员的最远球痕前砸了两个坑，然后就去睡觉。俄罗斯运动员看到美国运动员的“记录”后，大吃一惊，由于心理压力太大，整个晚上没有睡好。

第二天正式比赛时，俄罗斯运动员的正常水平没有发挥出来，结果败给了美国运动员。

小鸟不会试图比邻居多筑几个巢，狐狸不会因为自己只有一个洞可以栖身而烦恼，松鼠不会因为担心贮藏的硬果只够吃一个冬天，而不是两个冬天焦虑而死，狗也不会因为没储藏足够的骨头养老而彻底失眠。

大部分压力毫无必要；

40%的担忧永远不会发生；

30%的忧虑涉及过去的决定，是无法改变的；

12%的忧虑集中于别人出于妒忌而做出的批评；

10%的忧虑与健康有关，而越担忧问题就越严重；

8%的忧虑可以列加“合理”范围。

卡耐基在自己的办公桌上挂了一块牌子，上面写着：

有信仰就年轻，疑惑就年老；

有自信就年轻，畏惧就衰老；

有希望就年轻，绝望就年老；

岁月使你皮肤起皱，但是失去了热忱，就损伤了灵魂。

18. 那就是我

我宁愿靠自己的力量打开我的前途，而不愿求有力者的垂青。

就像收音机会有静电妨碍人们收听音乐一样，很多人脑海中会一直出现一些讯息来困扰他们，如：我又弄得一团糟了，我说得太大声了，我动作太慢了，我太胖了，我从来都找不到好工作了，我总是孤零零的，等等。

对这种自我攻击的讯息有一种强有力的矫正法，就是停止这些讯息，想想自己现在的模样，告诉自己，“那就是我，我就是我。”

如果对自己做过的某些事感到后悔，就请说些“那就是我”的话。以下有些例子：

·我在填表格时会感到不安，那就是我。

·我害怕而且站不起来，那就是我。

·有时候我会打扰别人，那就是我。

在一个研讨会上，主持人将两个人分成一组做下面的练习：有人造出“那就是我”的句子，另一个人则用冷漠的语气重复一次。

“每当我犯错误时，我会对自己很严厉，那就是我。”

同伴则说：“每当你犯错时，你会对自己很严厉，那就是你。”

这过程大大地帮助人们减轻了自己对弱点的紧张，因为它使人们不再那么严肃。

这是一种学习接受自我的有用的工具。神话故事中有句谚语：我是上帝所造的我，现在可以把它改写成：我就是此刻的我。我想改变，或许我能办到。但无论如何，这就是我人生旅程中今天所该到达的地方。当你越能接受自己的现况，以及了解到它的神秘，你就越能停止心中那些负面的想法。

在某个治疗团体中，每个人几乎都为自己遭受的负面批评所困扰，于是医生请他们大声说出自己目前的状况，并且将它转变成一种“你会这样吗”的谈话，最后他们停止了笑，因为大家突然感觉到自己是如此荒谬。“不，我比你还笨”，“不，我还做过更愚笨的事”，“我总是担心别人在想什么”，“我已经三十五岁了，还一事无成”，“不对，不对，我比你还糟，我曾只是个兼差的守卫”，“不，不，我更糟，我曾顺手牵羊过”，“我是最差的，我恨我的母亲，并且殴打自己的小孩。”……将心里所有不快吐出来是非常神奇的，这就好比一个管弦乐团在演出。如果每个人都能把心中的垃圾倾倒光，就会有更多空间容纳快乐的想法。

藉由改变想法来改变我们的情感和身体状态，是一件非常奇妙的事。有一天晚上你看完电影后回到车旁，发现车窗被打破了，于是心情开始紊乱，心跳也开始加快，胃开始绞痛……然后再想起录音机和录音机带都放在后座，心绪变得更乱了。一会儿打开后座，出乎意外地，这两样东西都在，于是心跳立刻慢了下来，并且觉得愉快。因为你运气很好，只破了一扇窗户。想想，在两分钟之内，你对破掉的窗户有着截然不同的两种反应，这完全和想法有关。

我们都被赐予一项神奇的器官——脑，但使用手册并未给我们。当我们购买一个开罐器或洗衣机时，反而有更好的使用说明。

大脑可以是享受生活、创造喜乐的伙伴，却不是常常痛骂我们、困扰我们的一个遥控器，千万别让它控制了我们的生活。

要知道，想法与命令影响全身的能量。举例来说，当你不断对自己说：“大家都应该对我很好”，“电脑不应该坏掉”或是“我有毛病了”，你会变得难过，心情沉重，你的生活一片黑暗；相反，生活中别人无意的批评、电脑坏了、失业了……你如果都能接受，就会感到轻松，甚至有更多的精力对朋友及爱人传达友善的讯息，而这同时有益于你的免疫系统、血液循环及体能状态。听起来并不难，而且也很有效——就像打开灯便会看得更清楚一样。很多人将诺曼·皮欧所著的《积极想法的力量》当笑话看，但他数年来已卖了数百万本，而且大家都已了解到他是对的，就像伽利略一样。

生气、难过、羞耻的感觉会像突然袭来的暴风雨般攻击你，而这些只是你脑中想像的。下面将列出一些能帮助你记起外面感觉的例子：

说完“我有很多缺点，我不受欢迎”后感到可耻；

说完“生命是没有希望的，我实在无能为力”后感到绝望；

说完“她一定要喜欢我，没有她，我什么都不是”之后感到害怕；

说完“那个人应该照我的方法做啊”后生气；

想着“我不能没有她！她怎么敢这样对我，我要让她知道谁才有权如此做！”后愤恨难平及有暴力出现……

如果你想要再次感受心里的力量，慢慢地做两次深呼吸，然后告诉自己下面这些话，把每个真意完全体会。

无论我做什么，永远值得受人尊敬。

无论我是否犯错，我值得被爱。

无论我的长相或技能如何，我是个有价值的人。

牢记这些想法，告诉自己它们是真的，你感受到自己与以往不同了吗？如果是的话，那是因为你的想法已然改变。

19. 山不过来，我们过去吧！

用信心可造就出一个完全不同的未来。

伊斯兰教的先知穆罕默德，带着他的四十门徒在山谷里讲道。他说，“信心”是成就任何事物的关键，也就是说，人有信心，便没有不能成功的计划。一位门徒对他说：“你有信心，你能让那座山过来，让我们站在山顶吗？”

穆罕默德对他的门徒满怀信心地把头一点，对山大喊一声：“山，你过来！”山谷里响起了他的回声，回声终于消失，山谷又归于宁静。大家都聚精会神地望着那座山，穆罕默德说：“山不过来，我们过去吧！”

他们开始爬山，经过一番努力，终于到达了山顶，他们因信心促使希望实现而欢呼。

“山不过来，我们过去吧！”这句名言能化解许多感情和工作上的冲突，解决许多困难。在往后的岁月里，若不能改变环境的时候，那就学习适应环境；在别人有困难的时候，就会尝试改变自己。其实，山不过来，我过去，会达到同样的结果。

1981 年，通用公司总裁琼斯先生宣布退休，他准备从二十几名候选者中确定一名为自己的继承人。经过层层筛选，最后只剩下两个人，其中之一就是杰克·韦尔奇。

一天琼斯把杰克·韦尔奇叫进自己的办公室，问：“假如我在乘坐飞机时遇难了，你说谁当我的继承人最合适？”杰克·韦尔奇毫不犹豫地说：“当然是我了！”

琼斯问：“你再好好想想，是不是还有比你更适合的？比如约翰，比如……”“不！”韦尔奇果断地说，“总裁先生，我不用想了，绝对没有比我更合适的了。”

又过了十多天，琼斯把韦尔奇又叫进自己的办公室，再一次问了相同的问题，而韦尔奇也作了更为坚定的回答：“您的继任者就是我！”

各位读者，你们知道琼斯做出了什么样的决定？他在第二天就签署了任命书，而韦尔奇就任的第一理由就是他自信！

20. 生命中的每一天

只要有足够强大的信念，奇迹每天都可能发生。

从前有个国王要将一个死刑犯斩首。

这个死刑犯就跟国王说："国王，你先不要斩我的头，你给我一年的时间，我能够使你的马飞起来。"

国王想了想，觉得反正也没有什么损失，就答应了！

死刑犯回去之后，他的朋友偷偷问他："你真的有办法让马飞起来吗？"

死刑犯说："这你就有所不知了，这一年当中，有三种情况会发生——

第一种是国王死了，那他就不会斩我的头；第二种是我先死了，那他斩我的头也没有用；第三种是这匹马啊，真的有可能会飞起来。"

"生命中的每一天都有奇迹发生。"

这个故事说明，人不但要懂得为自己把握机会，还要懂得为自己创造机会。

一个妇人不小心丢了一把伞，她一路上都很懊恼，不停地怪自己，怎么如此地不小心。回家之后，她才发现，天啊，连她的钱包也不见了！原来她一心惦记着丢伞的事，结果仓促、惶恐、不安中，一分心，连钱包也丢了。

人类，可略分为"悲观"论者与"乐观"论者两种，这两种人的差别就在于面对事情的态度。人类是知性的动物，任谁都会对自己所犯的错事，感到后悔，但一味的悔恨，只会令自己困在死胡同里。这个时候，自我调适的态度就很重要了。悲观论者提不起精神，乐观者却越挫越勇，产生比以前更充沛的精力。

如果放在桌上有半杯水，悲观的人说：只剩下半杯水了；乐观的人却说：还有半杯水喔！英国大文豪莎士比亚有言："一直悔恨已逝去的不幸，只会招致更多的不幸。"

朋友，你懂了吗？

21. 父亲的箭

自己才是一支箭，若要它坚韧，若要它锋利，若要它百步穿杨，百发百中，磨砺它、拯救它的都只能是自己。

不相信自己的意志，永远也做不成将军。

春秋战国时代，一位父亲和他的儿子出征打战。父亲已做了将军，儿子还只是马前卒。又一阵号角吹响，战鼓擂响了，父亲庄严地托起一个箭囊，其中插着一支箭。父亲郑重对儿子说："这是家传宝箭，配带身边，力量无穷，但千万不可抽出来。"

那是一个极其精美的箭囊，厚牛皮打制，镶着幽幽泛光的铜边儿，再看露出的箭尾，一眼便能认定用上等的孔雀羽毛制作。儿子喜上眉梢，贪婪地想像箭杆、箭头的模样，耳旁仿佛嗖嗖地箭声掠过，敌方的主帅应声折马而毙.

果然，佩带宝箭的儿子英勇非凡，所向披靡。当鸣金收兵的号角吹响时，儿子再也禁不住得胜的豪气，完全背弃了父亲的叮嘱，强烈的欲望驱使着他"呼"一声就拔出宝箭，试图看个究竟。骤然间他惊呆了。

一支断箭，箭囊里装着一支折断的箭。

我一直带着支断箭打仗呢！儿子吓出了一身冷汗，仿佛顷刻间失去支柱的房子，意志轰然坍塌了。

结果不言自明，儿子惨死于乱军之中。

拂开蒙蒙的硝烟，父亲拣起那支断箭，沉重地"啐"一口道："不相信自己的意志，永远也做不成将军。"

把胜败寄托在一支宝箭上，多么愚蠢，而当一个人把生命的核心与把柄交给别人，又多么危险！比如把希望寄托在儿女身上；把幸福寄托在丈夫身上；把生活保障寄托在单位身上。

22. 心的管理

贫富的分隔点，在于思考方式的差异。

无论做任何事，结果不外有二：不是成功，就是失败。

至于成功和失败之争，亦可说是“恐怕失败的心态”和“一心渴求成功的心态”之争。

失败类型的人，恐惧失败的心远大于渴求成功的心。因此，失败压制成功。

这类型的人遇到任何障碍，都会立刻向后退，并以此障碍作为退缩的借口。实际上，失败者最擅长的就是替自己的失败找借口。不可能成功，是失败者最常替自己辩护的借口。

至于成功者，则对成功抱持强烈的渴望，根本无暇思考失败的种种。有些人以为，不考虑失败只想像成功，时时抱持乐观的想法，就是成功的哲学。

这简直是误解，如此也未免太天真了！

事实上，并非不考虑失败，而是“不恐惧失败”。

事先想像最坏的情况，并想好相应的对策，想好如何预防或是补救，“防患于未然”，以免到时措手不及。

古语有云：“人无远虑，必有近忧。”对于未来要抱持戒慎的心，深谋远虑才不容易失败。此外，还要抱持必胜的决心。

汽车除了要加油才能走之外，定期保养对延长其寿命也很重要。

人的健康也一样。光吃食物是不够的，有效率的健康管理和定期健康检查，也是非常重要的。

进一步说，现代人的“心的健康管理”，更是不容忽视的课题。

一个无法管理自我的人，是无法掌控自己命运的。

然而，如同疏于汽车定期保养，使得车子提早报废的糊涂车主一般，不懂得定期检视自我人生的人，竟出奇得多。

“心的管理”有各式各样的方法。

最简单的就是，休闲娱乐、游山玩水。

其次则是，学习冥想、坐禅、瑜伽等修身养性的方法；参加演讲会，聆听成功哲学及种种心的控制法；阅读关于自我控制的专门杂志、书籍等。

人最宝贵的，就是健康。没有健康，有再多的钱也是惘然。

当然，如果既有钱又有健康，是再好不过了！

除了身体的健康外，心理的健康也非常重要。因此，有位学者提出“心的管理费应占年收入的5%”的说法，值得你我参考。

贫富的分隔点，在于思考方式的差异。

富有者的思考方式，偏向“积极正面”；踏上贫乏之道的人的思考方式，则偏向“消极负面”。

这里所谓的思考，系指人们日常生活中的基本想法。将之分类比较作成下表，供各位读者作参考。读者不妨参照此表，看看自己日常的心态，多偏向哪一边，做一番自我检讨。

积极面	有趣	做得到	精神奕奕
消极面	无聊	做不到	疲惫

须注意的是，这里所谓的思考，并非一般浮面的思索，而是“伴随深思熟虑的思考”。也就是说，重点在于“深思熟虑”，而非思考的主题及内容。

例如对未来的计划，能深思熟虑、未雨绸缪，预测最坏的情况，但不杞人忧天。否则，所谓的“积极正面”不过是乐观主义罢了！

除了深思熟虑外，还要坚信成功，果决地向前冲，才是真正“积极正面”的人。

23. 成功并不像你想像的那么难

并不是因为事情难我们不敢做，而是因为我们不敢做事情才难的。

1965年，一位韩国学生到剑桥大学主修心理学。在喝下午茶的时候，他常到学校的咖啡厅或茶座听一些成功人士聊天。这些成功人士包括诺贝尔奖获得者，某一些领域的学术权威和一些创造了经济神话的人，这些人幽默风趣，举重若轻，把自己的成功都看得非常自然和顺理成章。时间长了，他发现，在国内时，他被一些成功人士欺骗了，那些人为了让正在创业的人知难而退，普遍把自己的创业艰辛夸大了，也就是说，他们在用自己的成功经历吓唬那些还没有取得成功的人。

作为心理系的学生，他认为很有必要对韩国成功人士的心态加以研究。1970年，他把《成功并不像你想像的那么难》作为毕业论文，提交给现代经济心理学的创始人威尔·布雷登教授。布雷登教授读后，大为惊喜，他认为这是个新发现，这种现象虽然在东方甚至在世界各地普遍存在，但此前还没有一个人大胆地提出来并加以研究。惊喜之余，他写信给他的剑桥校友——当时正坐在韩国政坛第一把交椅上的人——朴正熙。他在信中说，"我不敢说这部著作对你有多大的帮助，但我敢肯定它比你的任何一个政令都能产生震动。"

后来这本书果然伴随着韩国的经济起飞了。这本书鼓舞了许多人，因为他从一个新的角度告诉人们，成功与"劳其筋骨，饿其体肤"、"三更灯火五更鸡"、"头悬梁，锥刺股"没有必然的联系。只要你对某一事业感兴趣，长久地坚持下去就会成功，因为上帝赋予你的时间和智慧够你圆满做完一件事情。后来，这位青年也获得了成功，他成了韩国泛业汽车公司的总裁。

人世中的许多事，只要想做，都能做到，该克服的困难，也都能克服，用不着什么钢铁般的意志，更用不着什么技巧或谋略。只要一个人还在朴实而饶有兴趣地生活着，他终究会发现，造物主对世事的安排，都是水到渠成的。

24. 生命的价值

不要让昨日的沮丧令明天的梦想黯然失色！

在一次讨论会上，一位著名的演说家没讲一句开场白，手里却高举着一张20美元的钞票。面对会议室里的200个人，他问：“谁要这20美元？”一只只手举了起来。他接着说：“我打算把这20美元送给你们其中的一位，但在这之前，请准许我做一件事。”他说着将钞票揉成一团，然后问：“谁还要？”仍有人举起手来。

他又说：“那么，假如我这样做又会怎么样呢？”他把钞票扔到地上，又踏上一只脚，并且用脚碾它。尔后他拾起钞票，钞票已变得又脏又皱。

“现在谁还要？”还是有人举起手来。

“朋友们，你们已经上了一堂很有意义的课。无论我如何对待那张钞票，你们还是想要它，因为它并没贬值，它依旧值20美元。人生路上，我们会无数次被自己的决定或碰到的逆境击倒、欺凌甚至碾得粉身碎骨，我们觉得自己似乎一文不值。但无论发生什么，或将要发生什么，在上帝的眼中，你们永远不会丧失价值。在他看来，肮脏或洁净，衣着齐整或不齐整，你们依然是无价之宝。”

生命的价值不依赖我们的所作所为，也不仰仗我们结交的人物，而是取决于我们本身！我们是独特的——永远不要忘记这一点！

25. 虚掩的门

在这个世界上，只要你相信自己的能力，就会发现许多门是虚掩的。

1968年，在墨西哥奥运会的百米赛道上，美国选手吉·海因斯撞线后，转过身子看运动场上的记分牌。当指示灯打出9.95的字样后，海因斯摊开双手自言自语地说了一句话。这一情景后来通过电视网络，至少被好几亿人看到，但由于当时他身边没有话筒，海因斯到底说了些什么话，谁都不知道。

1984年，洛杉矶奥运会前夕，一位叫戴维·帕尔的记者在办公室回放奥运会的资料片。当再次看到海因斯的镜头时，他想，这是历史上第一次有人在百米赛跑中突破10秒大关，海因斯在看到纪录的那一瞬，一定替上帝给人类传达了一句不同凡响的话。这一新闻点，竟被400名记者给漏掉了，实在是一大遗憾。于是他决定去采访海因斯，问他当时到底咕噜了句什么话。

凭着做体育记者的优势，他很快找到了海因斯，当他提起16年前的事时，海因斯一头雾水，他甚至否认当时说过话。戴维·帕尔说，你确实说话了，有录像带为证。海因斯打开帕尔带去的录像带，笑了，说，难道你没听见吗？我说，上帝啊！那扇门原来虚掩着。

谜底揭开之后，戴维·帕尔接着对海因斯进行了采访。针对那句话，海因斯说，自欧文斯创造了10.3秒的成绩之后，医学界断言，人类的肌肉纤维所承载的运动极限不会超过每秒10米。看到自己9.95秒的纪录之后，我惊呆了，原来10秒这个门不是紧锁着的，而是虚掩着，就像终点那根横着的绳子。

海因斯的那句话给世人留下了宝贵的启迪。不是吗？在这个世界上，只要相信自己的能力，就会发现许多门都是虚掩着的。在爱情上，你相信自己的能力，你会发现姑娘的房门是虚掩着的；在学问上，你相信自己的能力，就会发现财富的大门是虚掩的……

第五味：专心

使人生更有效率

01. 让心集于一点

品味人生，专心是无往而不胜的利器。

有一位大学毕业的女生被一家公司录取了，但是，由于没有工作经验，主管叫她暂时做一些为同事泡茶的工作。对一个满怀梦想的大学生来说，只为大家泡茶，心里当然非常失望。不过，想到公司也不是有意轻视她，待遇也不错，她就安慰自己不用急，将来还是有机会的。于是，她坦然去上班，每天为同事泡茶倒茶。

3个月过去了，她开始沉不住气了，心里总是抱怨："我好歹也是大学生，却天天来为你们泡茶。"这样一想，她泡茶就不像从前那样愉快，泡出来的茶，也就一天不如一天了，但对这些她并没有感觉。

又过了一段时间，有一天，她泡好茶端给经理喝，经理喝了一口，就大骂起来："这茶怎么泡的，难喝得要命。亏你还是大学毕业呢！连泡杯茶都不会。"她真的气炸了，几乎哭了出来："谁要在这鬼地方继续泡茶啊！"正准备当场辞职的时候，突然来了重要访客，必须好好招待。她只好收拾起不满与委屈，想，反正要离开了，就好好泡一壶茶吧！于是，她认真地泡好一壶茶，当她把茶端出去，转身刚要离开时，突然听到客人由衷的一声赞叹："哇！这茶泡得真好。"别的同事，连那位骂她的经理都端起来喝，纷纷情不自禁地赞美："这壶茶真的特别好喝！"

就在那一刻，她自己也呆住了，想着，只是小小的一杯茶而已，竟然造成那么大的差异，或被上司骂，或被大家赞不绝口，这茶里显然有很深奥的学问，我要好好地去研究……从此以后，她不但对水温、茶叶、茶量都悉心琢磨，就连同事的喜好、心情，也细心的体会，甚至，连自己泡茶时的心情状态会带来的结果，也了若指掌。

很快的，她成为公司的灵魂人物，不久她被升为经理，因为老板想："泡茶时那么专心的人，一定是很精明难得的人才！"一个转念间，可以泡出评价完全不同的茶，用心与不用心之间的差别，不可以小视。了解自己的任务与贡献，并在细微的地方用心，才能让别人体验到被接受与被照顾的温暖。尤其在所有行业已成为服务业的e时代中，这样的用心已成为经营制胜的关键要素。不只是对顾客要比人性、比贴心、比创意，对员工也是要比人性、比贴心、比创意。

也许，在你的事业当中也有等同于那个女生的泡茶工作，你认识到这些业务往来的重要作用了吗？哪些不起眼的工作却扮演了关键性的作用？在你的工作中能把不起眼的工作做好，而且精明难得的人才是谁？你了解在做这些不起眼工作的人的心情转折吗？作为一个管理人员，所有这些，你都得悉心琢磨、细心体会、认真思考。

02. 着力点

不要将意念的能量调整到忧虑的事情上，而要放在真正想要的目标上。

在一次公开的空手道表演赛中，黑带高手以七段的实力，空手劈开十余块叠在一起的实心木板，赢得观众热烈的喝彩声。表演结束后，一位好奇的小男孩到后台找这位空手道高手，请教他是如何做到的。

黑带高手将十余块木板叠了起来，亲切地搭着男孩的肩头，问他："如果你想劈开这叠木板，你的着力点会放在木板的哪里？"

小男孩指着木板的中心部分："这里，我想一定要打在中心点。"

空手道高手笑道："也对，木板架高时的中心点，的确是最脆弱的部分。不过，如果你将着力点放在最上面这块木板的中心，当你的掌缘击中那一点，将遭受同等力道的反击，这将令你的手掌反弹且疼痛不已。"

小男孩不解地问："那究竟该把注意力放在木板的哪个部分？"

空手道高手指着最下面那块木板的下方："这里，把你所有的注意力及着力点，放在整叠木板的下方某一点。当您的注意力只看到木板的下方时，由上而下砍劈的手掌就能轻易地通过每一块木板，而达到你心里所想定的那一点。"说着，空手道高手右手一扬，又劈开了那叠木板。空手道高手的一席话，其实是对于实现梦想、达成目标的最佳启示。

一般人之所以不成功，正是因为他们永远将注意力放在木板的最上方。于是眼中见到的，只有困难、挫折、不可能……种种的阻碍横在他们的意识中。总之，并非他不能成功，而是他将注意力定在自己并不想要的东西之上。

成功者和一般人的差别在于，他将眼光放在整叠木板的下方那一点。成功者只看到他想要的目标，并不在乎自己是否具备足够的能力去达成。当他真正想要达到那个目标时，必胜的信念便会引导他通过学习而获得足够的能力，然后通过所有的障碍，正如手掌通过木板一般，成功地达到目标所在。

停止将意念的能量消耗在忧虑的事情上，用心地、认真地将注意力凝聚在你真正想要的目标之上，然后，用力一击。通过不断地努力工作，就能达到自己的目标。

03. 专 心

人类所犯的最危险的错误之一，就是无法专注于既定的目标。

有一位表演大师上场前，他的徒弟告诉他鞋带松了。大师点头致谢，蹲下来仔细系好，等到徒弟转身后，他又蹲下来将鞋带解松。有个旁观者看到了这一切，不解地问：“大师，您为什么又要将鞋带解松呢？”大师回答道：“因为我饰演的是一位劳累的旅者，长途跋涉使得他的鞋带松开，通过这个细节可以表现他的劳累憔悴。”“那你为什么不直接告诉你的徒弟呢？”“他能细心地发现我的鞋带松了，并且热心地告诉我，我一定要保护他这种热情的积极性，及时地给他鼓励。至于为什么要将鞋带解开，将来会有更多的机会教他表演，可以下一次再说啊。”

人一个时间只能做一件事，懂得抓重点，才是真正的人才。

04. 专心便是最大的效率

心所深入的程度便是事业所达到的高度。

牛顿是英国伟大的科学家，他的科学理论在科学史上具有重要的地位和深远影响，专心致志是牛顿取得事业成功的一个重要原因。

牛顿学习、工作或思考问题时，注意力特别集中，常常由于专心致志思考问题而忘了周围的一切。一次，一位朋友来和牛顿一起用餐，饭菜已摆在桌上，牛顿还没从工作室出来，这位朋友等了好久，只好独自吃起来。

吃完后，他和牛顿开了个玩笑，把鸡骨头放在盘子里，盖上盖。几小时后，牛顿才从工作室出来，他走到桌旁，打开盖子，当看到盘子里的鸡骨头时，不禁自言自语地说："我还以为自己没吃呢，原来早已吃过了。"于是又回到工作室，继续工作去了。

还有一次，牛顿牵着马上山，走着走着，突然想起了一个问题，便集中注意力思考起来，于是，他不知不觉地松开牵马的缰绳，马跑了，他一点也没发觉。他一边走着，一边思考着，一直走到山顶，前面再也无路可走，牛顿才从沉思中惊醒过来，这时马早已不知去向。

专心致志地学习和工作，使牛顿在物理学、天体力学、数学等领域获得了一系列重大成果，他发现了万有引力定律，创立了微积分……使科学进入了牛顿时代。

孟子说：今夫弈之为数，小数也，不专心致志，则不得也。

从前，有个棋手叫秋，由于棋艺高，别人叫他弈秋。有一次，弈秋收了两个学生，给他们两个同时上课。他一心想把自己的棋艺教给他们，就非常仔细地给他们讲解。

一个学生听得非常认真仔细，一心一意地注意弈秋的讲解和分析，对旁的事全都不加理会。

而另一个学生呢？他看上去也坐在那里，实际上却是心不在焉。他一会儿看看窗外的田野和树林，一会儿又听听天上的雁鸣。当他发现有好几只天鹅飞过，便想："要是能有一张弓，几支箭，射下一只天鹅煮来吃，那该有多好啊！"想着想着，直到弈秋全讲完了，他也没在意。

这时，弈秋叫两个学生对下一局，看看他们究竟学得怎样。起先，那个开小差的学生凭着以前的基础还能勉强应付，可渐渐地就显出差距来。那个专心致志的学生攻守从容有序，而老是三心二意的学生就只有招架之功，却无还手之力了。

弈秋一见，语重心长地对两个学生说："虽然下棋只是一种小小的技艺，算不得什么大事，但不专心致志地学习，也是学不好的啊！"

左手画方，右手画圆，让两只手同时进行，这时尽管心里十分明确怎样画，但同时画却往往不能得心应手。这时，你会明白：一心两用，往往难得成功。

05. 专心成就事业

高手的信心来自专心地做，生命自然圆满积极。

经研究，当一个人做事专心致志，脑电波就稳定而有节律，处于良好的状态，思考的效率也大为提高。

科学家们无一不是靠专心致志这一法宝才取得了惊人的科学成就。法国昆虫学家法布尔为了了解蚂蚁的生活习惯，曾连续4小时趴在潮湿、肮脏的地面上，用放大镜观察蚂蚁搬运苍蝇的活动，尽管当时周围有许多人围观、议论，但他毫不理会。

物理学家安培正在大街上散步，突然想起了一道难题。他全神贯注地思考这个问题，竟然把一辆马车的车厢当成家里的黑板，掏出粉笔就在车厢上演算起来。马车走动以后，安培仍然追着车厢演算，引得满街人哄堂大笑，他自己却浑然不知。

这些科学家们研究问题已经到了痴迷的程度。正因为痴迷，才光荣地迈进了科学的殿堂。

当然，专心致志的法宝不是从天上掉下来的，必须从小培养。很多有成就的人，小时候就掌握了这一法宝。居里夫人童年时专心读书，几个同学跟她开玩笑，在她周围用椅子堆起塔来，椅塔超过她的头顶，专心读书的居里夫人居然没发觉。高士奇小时候在楼阁读书，后来，突然雷声大作，下起暴雨，他的姐姐被吓得躲在祖母怀里，而楼上仍传来琅琅的读书声，震耳的雷声并没能惊动专心学习的高士奇。功夫不负苦心人，专心致志这一法宝帮助他们打下了坚实的知识基础，练就了聪明的脑子，取得了辉煌的成就。

圆满的生命与事业，来自内在的信心、外在的专心。

06. 专心致力于一件事情

专心致力于一件事情，意外的收获已在悄悄问候你。

有这样一个天才面包师，自打一生下来，就对面包有着无比浓厚的兴趣，闻到面包的香气就如醉如痴。长大后，他如愿以偿地做了面包师。他做面包时，要有绝对精良的面粉、黄油；要有一尘不染、闪亮晶莹的器皿；打下手的姑娘要令人赏心悦目；伴奏的音乐要称心宜人。

四个条件缺一不可，否则酝酿不出情绪，没有创作灵感。他完全把面包当作艺术品，哪怕只有一勺黄油不新鲜，他也要大发雷霆，认为那简直是难以容忍的亵渎。哪一天要是没做面包，他就会满心愧疚：馋嘴的孩子和挑剔的姑娘只能吃那些粗制滥造的面包了。他从来不去想今天少做了多少生意，然而他的生意却出人意料的好，超过了所有比他更聪明、更迫切赚钱的人。

从事任何一项活动的人，都要铭记这样的道理：世间的许多事情都如此，当你刻意追逐时，它就像蝴蝶一样振翅飞远；当你摒去表面的凡尘杂念，为了社会，为了他人，专心致力于一项事情时，那意外的收获已在悄悄问候你。

07. 做专心的演员

当你怨天尤人时，想想自己头上的一片天。

每个人都有属于自己的故事，故事里的辛酸甘美也只能独自承受。在生命的历程中，总会遭到许多的挫折和无奈，于是每个故事便有了不同的结局。

你是否曾经编织一个属于自己的梦，幻想一个“从此以后王子与公主过着幸福快乐生活”的童话世界。而当一切回归于现实之中时，方才惊觉王子与公主仅是一个虚幻、美丽而又短暂的爱情故事。能让后世歌颂的故事总是如此：短暂而又凄美，就像中国的“梁祝”，莎翁笔下的“罗密欧与朱丽叶”，都在最美的一刻划下了令人赞叹的休止符。

每个故事的开始，都有着一份无限的期待。每个人都想在生命中写下一篇可歌可泣的动人故事，然而在渐渐成长之后才明白，当一个主角并非想象般的容易。有些人情愿一辈子在故事里扮演平凡的配角，于是他们的生命之中没有大起大落，没有大悲大喜，没有空虚落寞，没有黯然神伤，用平凡的心写下一篇平凡的故事，用平凡的心寻找一份简单的快乐。

有的人却不然。他们在故事的开端便已拟定了故事大纲，幻想自己是导演、是主角、是最佳的编剧，凭着自己的感觉去写下一篇属于自己梦想中的故事。当一个导演，必须安排故事中的一切。当一个编剧，必须想像故事里的一切剧情。当一个主角，必须费尽心力去演好剧中的角色。集导演、编剧、演员于一身，绞尽脑力，却在不自觉之中，渐渐地失去了自我。

有人说："平凡就是福。"我想，平凡的故事里也有许多不平凡的伟大之处。其实，再怎样壮伟的故事都有结束的一刻，而真正能让人记得的故事又有多少？人是善忘的动物。属于自己的伤痛，终究只有自己能明白。属于自己的快乐，也仅有自己能全心的感受。

所以，何不偶尔停下脚步，当个平凡的观众，看看别人的故事，用"心"体会。再调整自己的步伐，当个"专心的演员"，扮好自己的角色。当自己生命中的主角，而不当观众眼下的主角。让生活更容易，让生命更圆满，多为别人付出一点，让自己的生命不再有遗憾。

在每一个生活的领域空间中，都有许多事要学习，而每个人的成长过程并不相同，也许在这不同的点上，就有许许多多激发个人先天能力的机遇，从而使每个人都有一片属于自我的天空。

人往往以为外在的力量是最重要的，其实真正来自内心深处的力量才能使我们熬过冰雪，冲破人生的冰河。每个人都有自己的专长，或许在某个层面你是输的，但别忘了自己也有自己的一片天。那如何补足较弱的层面呢？最重要的莫过于培养道德，吸取大自然的五种元素：大地教我们包容、关怀；空气教我们流动、自在；火教我们勇敢、承担；天空教我们开朗、感恩；水教我们干净、圣洁。相信经历这番洗礼后；提高道德指数不是难事。

今天你或许不会，但你可以学，有什么思想就有什么行动，有什么行动就有什么习惯，有什么习惯就有什么性格，有什么性格就有什么命运。人人头上都有一片天，要怎样播种属于自己的天地，靠自己的双手、思想决定，记住，当你在怨天尤人时，想想自己头上的一片天。

08. 专一的功课

我们常常处于各种诱惑之中，缺乏一颗专注的心。

春秋时候，楚国有个擅长射箭的人叫养叔，他能在百步之外射中杨树上的叶子，并且百发百中。

楚王羡慕养叔的射箭本领，就请养叔来教他射箭。养叔于是把射箭的技巧倾囊相授。

楚王兴致勃勃地练习了好一阵子，渐渐得心应手，就邀请养叔跟他一起到野外去打猎。打猎开始了，楚王叫人把躲在芦苇丛里的野鸭子赶出来。野鸭子被惊扰后振翅飞出。楚王弯弓搭箭，正要射猎时，忽然从他的左边跳出一只山羊。楚王心想，一箭射死山羊，可比射中一只野鸭子划算多了！于是楚王又把箭头对准了山羊，准备射它。正在此时，右边突然又跳出一只梅花鹿。楚王又想，若是射中罕见的梅花鹿，价值比山羊又不知高出了多少，于是楚王又把箭头对准了梅花鹿。忽然大家一阵子惊呼，原来从树梢飞出了一只珍贵的苍鹰，振翅向空中窜去。楚王又觉得还是射苍鹰好，可是当他正要瞄准苍鹰时，苍鹰已迅速地飞走了。楚王只好回头来射梅花鹿，可是梅花鹿也逃走了。只好再回头去找山羊，可是山羊也早溜了，连那一群鸭子都飞得无影无踪。楚王拿着弓箭比划了半天，结果什么也没有射着。

你是否跟楚王一样，这也想做、那也想做，结果反而一事无成？

那么就请记住："专一"是一项困难的功课，却是必学的人生科目。

09. 专注目标，克服眼中一望无际的沙漠

专心于事业的程度决定了事业发展的程度。

一天，父亲带着三个儿子去沙漠猎杀骆驼，到了沙漠，父亲问第一个儿子："你看到了什么？"第一个儿子回答："我看到了猎枪、骆驼，还有一望无际的沙漠。"父亲摇摇头，又问第二个儿子："你看到了什么？"第二个儿子回答："我看到了爸爸、哥哥、弟弟、猎枪、骆驼，还有一望无际的沙漠。"父亲又摇摇头，于是又问第三个儿子："你看了什么？"第三个儿子回答："我只看到了骆驼。"父亲欣慰地点点头。

做一件事一定要有目标，目标一旦定下来了，就要心无旁骛，不顾一切地达成目标。有了明确的目标，才会为行动指出正确的方向，才会在实现目标的道路上少走弯路。事实上，漫无目标或目标过多都会阻碍我们前进，要实现自己的心中所想，如果不切实际，最终可能一事无成。

在追求人生目标的过程中，有时会被些细枝末节和一些琐事分散了精力，以致中途停下来甚至走上岔道，最后迷失了原先想要追求的目标。其实，人一生能做好一件事就是最大的成功。

10. 不可能的发明

比运气或是天才更重要的是，对事业的专注。

亨利·福特在取得成功之后，成了众人羡慕的人物。人们觉得他的成功是由于他的运气或者天才。其实，在福特成功的道路上，运气和天才固然重要，但最重要的一点却非常简单，那就是发现一件有价值的事情，无论遭到多少困难，都不放弃，一定要把它完成。福特成功的"秘诀"就是专注和执著。

多年以前，亨利·福特决定改进现在著名的V-8式发动机的汽缸。他要制造一个具有铸成一体的八个汽缸的引擎，便指示工程人员去设计。可是，这些工程人员都认为要制造这样的引擎是不可能的。

福特说："无论如何要生产这种引擎。"

"但是，"他们回答道，"这是不可能的。"

"去工作吧！"福特命令道，"坚持做这件工作，无论用多少时间，直到你们完成了这件工作为止。"无奈之下，这些工程人员遵照他的指令去工作了。

6个月过去了，他们没有成功。又过了6个月，他们仍然没有成功。这些工程人员愈是努力，这项工作就似乎愈是"不可能"完成。

这一年的年底，福特向这些工程人员咨询时，他们再一次向他报告，他们无法实现他的命令。

"继续工作，"福特说，"我需要它，我决心得到它。"这些工程人员无法违抗老板的命令，如果他们要继续当福特汽车公司的职员，他们就只能去研制这种发动机。

后来福特公司终于制造出了这种似乎完全不可能生产出来的发动机，他们把这种发动机命名为“福特 V-8 式发动机”，这使福特和他的公司把他们最有力的竞争者远远地抛到了后面。

11. 专心于小事

不要害怕把精力投入到很不显眼的工作上，这些工作往往会带来意想不到的成果。

成功是一架公正的天平，给予每一个人的机会都是均等的，关键要看你如何把握它。欧阳修是我国古代文学大师，人们看到的只是他流传千古的文章，其实在他成功的后面还有许多鲜为人知的故事。

欧阳修年幼的时候，家境贫寒，学习得靠借书来抄，然后背诵。有一次他在一个小朋友的家中看到六卷韩愈的文集，欧阳修对这部书爱不释手，于是就恳求人家将这部书借给他回家去读。那位朋友同意了他的请求。欧阳修如获至宝地将那部书捧回家中，连夜秉烛夜读，发现书中精彩的篇章就抄下来吟诵，直到倒背如流为止。

欧阳修不仅善于向古人学习，而且还善于利用零星的时间写作。他对他的朋友说："我的文章，多数是利用'三上'进行构思，打好腹稿的。'三上'，就是马上、枕上、厕上。"欧阳修的写作态度十分严肃，每写完一篇文章，便把它贴在卧室的墙上，随时看，随时修改，一直改到自己满意了才肯拿出去。

欧阳修老年的时候已经名满天下。这个时候他对从前的文章有了新的认识，于是，他又拿出以前写的文章一篇篇修改，废寝忘食，非常辛苦。他的妻子劝他说："你为什么这样自讨苦吃？又不是小学生，难道还怕先生生气吗？"欧阳修听了很认真地说：

“不是怕先生生气，而是怕后生笑话啊！”

欧阳修通过惜时如金的刻苦，专心去做一点一滴的小事，终于成为后人称颂的“唐宋八大家”之一，他的专心为他赢得了成功。

第六味：耐心

机会总在等待中出现

01. 耐心等待

何谓运气？就是先有耐心的预备，再碰上机会。

师徒二人出远门，中途又累又渴，师傅于是叫徒儿去不远处的小溪中取水来饮。徒儿去后返回来，说："刚刚有车子过，水很污浊，不能喝。"师傅说："你再去。"徒儿无奈，第二次去后又返回，说："有人在那儿洗菜，水很脏。"师傅命令他再去。当徒儿第三次来到溪边，发现泥沙也不见了，菜叶也消失了，水又变得清澈、纯净。徒儿终有所悟：原来，要喝到水，需要足够的耐心来等待。

做事耐心一点，一切困难都会迎刃而解！

心胸开阔一点，一切烦恼都会烟消云散！

确实，耐心一点，很多看上去难以解决的事情都如沸水泼雪一般，很多看上去渺无希望的事情都会轻易解决！

还记得那句老话吗？"忍一时风平浪静，退一步海阔天空。"有了一份好的心态，一份波澜不惊的心境，任何烦恼不都会烟消云散吗？

就像篆刻，没有毅力是无法完成的，没有一份好的心境同样不会刻出什么好作品！

02. 耐心就是机会

每个成功的背后总是足够的耐心，耐心才能创造机会。

你可以立刻去询问你所遇见的任何十个人，问他们为什么不能在他们所从事的事业中获得更大的成就，这十个人当中，至少有九个人将会告诉你，他们并未获得机会。你可以对他们的行为做一整天的观察，以便对这九个人做更进一步的正确分析。你将会发现，他们在这一天的每个小时中，都不自觉地把自动来到他们面前的良机推掉。

有一天，拿破仑·希尔站在一家商店出售手套的柜台前，和受雇于这家商店的一名年轻人聊天。他告诉拿破仑·希尔，他在这家商店服务已经四年了，但由于这家商店“短视”，他的服务并未受到店方的赏识，因此，他目前正在寻找其他工作，准备跳槽。

在他们谈话期间，有位顾客走到他面前，要求看一顶帽子。这位年轻的店员对这名顾客的请求置之不理，一直继续和希尔谈话，虽然这名顾客已经显出不耐烦的神情，但他还是不理。最后，他把话说完了，这才转身向那名顾客说：“这里不是帽子专柜。”那名顾客又问：“帽子专柜在什么地方？”这个年轻人回答说：“你问那边的管理员好了，他会告诉你怎么去帽子专柜。”

四年多来，这个年轻人一直处于一个很好的机会中，但他不知道。他本来可以和他所服务的每个人结成好朋友，而这些人都有可能成为这家店里最有价值的人，因为这些人都会成为他的老顾客，不断地回来和他交易。但是他拒绝或忽视运用自制力，对顾客的询问不搭不理，或是冷冷淡淡地随便回答一声，就这样,好机会一个个地丢掉了。

某一个下雨天的下午，有位老妇人走进匹兹堡的一家百货公司,漫无目的地在公司内闲逛,很显然是副不打算买东西的神态。大多数的售货员只对她瞧上一眼,然后就自顾自地整理货架上的商品,以避免这位老太太麻烦他们。其中一位年轻的男售货员看到了她,立刻主动地向她打招呼,并很有礼貌地问她,是否有需要他服务的地方。这位老太太对他说，她只是进来躲雨罢了,并不打算买任何东西。这个年轻人并没有因此而冷落她,还主动和她聊天,以显示他确实欢迎她。当她离去时,这个年轻人还陪她到街上,替她把伞撑开。这位老太太向这个年轻人要了一张名片,然后径自走开了。

后来,这个年轻人忘了这件事情。突然,有一天,他被公司老板召进办公室,老板给了他一封信,是那位老太太写来的。而她就是卡耐基的母亲，她要求这家百货公司派一名销售员前往苏格兰,去做装潢一所豪华住宅的工作。

这封信中，卡耐基的母亲特别指定这名年轻人代表公司去接受这项工作。这项工作的交易金额数目巨大,这名年轻店员如果不是耐心地接待这位不想买东西的老太太,那么,他将永远不会获得这个极佳的晋升机会。

热忱是促使你采取行动的重要动力,而耐心才能创造出机会。

03. 最初的试炼

所谓的人生捷径，不过是耐心而已。

一个动人的小故事在日本广为传颂：许多年前，一个妙龄少女来到东京帝国酒店当服务员。这是她涉世之初的第一份工作，也就是说她将在这里正式步入社会，迈出她人生的第一步。因此她很激动，暗下决心：一定要好好干！可万万没有想到：上司安排她洗厕所！

洗厕所！说实话没人爱干，何况她从未干过粗重的活儿，细皮嫩肉，喜爱洁净，干得了吗？洗厕所时在视觉上、嗅觉上以及体力上的折磨都会令她难以承受，心理暗示的作用更是让她忍受不了。当她用自己白皙细嫩的手拿着抹布伸向马桶时，胃里立刻“造反”，有如翻江倒海，恶心得几乎呕吐却又吐不出来，太难受了。而上司对她的工作质量要求特高，高得骇人：必须一遍一遍耐心地把马桶抹洗得光洁如新！

她当然明白“光洁如新”的含义是什么，她当然更知道自己不适合干洗厕所这一工作，真的难以实现“光洁如新”这一高标准的质量要求。因此，她陷入困惑、苦恼之中，也哭过鼻子。这时，她面临着人生的抉择：是继续干下去，还是另谋职业？继续干下去——太难了！另谋职业——知难而退？人生之路岂有退堂鼓可打？她不甘心就这样败下阵来，因为她想起了自己曾下过的决心：人生第一步一定要走好，马虎不得，任何事情都要有耐心做好！

在此关键时刻，同单位一位前辈及时地出现在她面前，帮她摆脱了困惑、苦恼。他并没有讲什么空洞的大道理，只是亲自做个样子给她看了一遍。

他一遍遍地抹洗着马桶，直到抹洗得光洁如新；然后从马桶里盛了一杯水，毫不勉强地喝了下去！他不用一言一语就告诉了少女一个极为朴素的道理：光洁如新，要点在于“新”，新则不脏，因为不会有人认为新马桶脏；反过来讲，只有马桶中的水达到可以喝的洁净程度，才算是把马桶抹洗得“光洁如新”了，而这一点已被证明可以办得到。

她看得目瞪口呆，恍然大悟：“就算一生洗厕所，也要做一名洗厕所最出色的人！一定要耐心把自己的工作做好，一遍一遍做好。”

几十年之后，她已是日本政府的主要官员——邮政大臣，她的名字叫野田圣子。

04. 耐心等待

任何一件事都是由耐心不知不觉中酝酿出来的。

从前有个年轻的农夫，他要与情人约会。小伙子性急，来得太早，又不会等待。他无心观赏那明媚的阳光、迷人的春色和娇艳的花姿，却急躁不安，一头倒在大树下长吁短叹。

忽然他面前出现了一个侏儒。“我知道，你为什么闷闷不乐，”侏儒说，“拿着这纽扣，把它缝在衣服上。你要遇着不得不等待的时候，只消将这纽扣向左一转，你就能跳过时间，要多远有多远。“这正合小伙子的胃口，他握着纽扣，试着一转：啊，情人已出现在眼前，还朝他笑送秋波呢！真棒！他心里想，要是现在就举行婚礼，那就更棒了。他又转了一下：隆重的婚礼，丰盛的酒席，他和情人并肩而坐，周围管乐齐鸣，悠扬醉人。他抬起头，盯着妻子的眸子，又想，现在要是只有我们俩该多好！他悄悄转了一下纽扣：立时夜阑人静……

他心中的愿望层出不穷：我们应有座房子，他转动着纽扣，夏天和房子一下子飞到他眼前，房子宽敞明亮，迎接主人。我们还缺几个孩子，他又迫不及待，使劲转了一下纽扣：日月如梭，顿时已儿女成群。他站在窗前，眺望葡萄园，真遗憾，它尚未果实累累，偷转纽扣时光飞逝。脑子里愿望不断，他又总急不可待，将纽扣一转再转，生命就这样从他身边疾驶而过，还没有来得及思索后果，他已老态龙钟。

至此，他再也没有要为之而转动纽扣的事了。回首往日，他不胜追悔自己的性急失算：我不愿等待，一味追求满足，恰如馋嘴人偷吃蛋糕里的葡萄干一样。眼下，因为生命已风烛残年，他才醒悟。即使等待，在生活中亦有意义，因为有它，愿望的满足才令人高兴。他多么想将时间往回转一点啊！他握着纽扣，浑身颤抖，试着向左一转，扣子猛地一动，他从梦中醒来，睁开眼，见自己还在那生机勃勃的树下等着可爱的情人，然而现在他已学会了等待。一切焦躁不安已烟消云散，他平心静气地看着蔚蓝的天空，听着悦耳的鸟语，逗着草丛中的甲虫。他学会了耐心等待，生命中很多精彩都需要耐心等待才能得到。

05. 制造传奇

耐心往往是创造奇迹的前奏，是跨越成功的步骤。

藤田田1965年毕业于日本早稻田大学经济学系，毕业之后随即在一家大电器公司打工。1971年，他开始创立自己的事业，经营麦当劳生意。麦当劳是闻名全球的连锁速食公司，采用的是特许连锁经营机制，而要取得特许经营资格是需要具备相当财力和特殊资格的。

而藤田田当时只是一个才出校门几年、毫无家族资本支持的打工一族，根本就无法满足麦当劳总部所要求的75万美元现款和一家中等规模以上银行信用支持的店面的苛刻条件。

只有不到5万美元存款的藤田田，看准了美国连锁速食文化在日本的巨大发展潜力，决意要不惜一切代价在日本创立麦当劳事业，于是绞尽脑汁开始东挪西借起来。事与愿违，5个月下来，只借到4万美元。面对巨大的资金落差，要是一般人，也许早就心灰意懒，尽弃前功了。然而，藤田田却偏有对困难说不的勇气和锐气，偏要迎难而上，遂其所愿。

于是，在一个风和日丽的春天的早晨，他西装革履满怀信心地跨进住友银行总裁办公室的大门。藤田田以极其诚恳的态度，向对方表明了他的创业计划和求助心愿。在耐心细致地听完他的表述之后，银行总裁作出了“你先回去吧，让我再考虑考虑”的决定。

藤田田听后，心里立刻掠过一丝失望，但马上镇定下来，恳切地对总裁说了一句：“先生，可否让我告诉你，我那5万美元存款的来历呢？”回答是“可以”。

“那是我6年来按月存款的收获，”藤田田说道：“6年里，我每月坚持存1/3的工资奖金，雷打不动，从未间断。6年里，无数次面对过度紧张或手痒难耐的尴尬局面，我都咬紧牙关，克制欲望，硬挺了过来。有时候，碰到意外事故需要额外用钱，我也照存不误，甚至不惜厚着脸皮四处借贷，以增加存款。这是没有办法的事，我必须这样做，因为在跨出大学门槛的那一天我就立下宏愿，要以10年为期，存够10万美元，然后自创事业，出人头地。现在机会来了，我一定要提早开创事业……”

藤田田一口气讲了10分钟，总裁越听神情越严肃，并向藤田田问清了他存钱的那家银行的地址，然后对藤田田说：“好吧，年轻人，我下午就会给你答复。”

送走藤田田后，总裁立即驱车前往那家银行，亲自了解藤田田存钱的情况。柜台小姐了解总裁来意后，说了这样几句话：“哦，是问藤田田先生哪。他可是我接触过的最有毅力、最有礼貌的一个年轻人。6年来，他真正做到了风雨无阻地准时来我这里存钱。老实说，这么严谨的人，我真是要佩服得五体投地了！”

听完小姐介绍后，总裁大为动容，立即打通了藤田田家里的电话，告诉他住友银行可以毫无条件地支持他创建麦当劳事业。藤田田追问了一句：“请问，您为什么要决定支持我呢？”

总裁在电话那头感慨万端地说道：“我今年已经58岁了，再有两年就要退休了，论年龄，我是你的2倍，论收入，我是你的30倍。可是，直到今天，我的存款却还没有你多……我可是大手大脚惯了。光凭这一点，我就自愧不如，敬佩有加了。我敢保证，你会很有出息的。年轻人，好好干吧！”

06. 耐心才能控制生活

生活总是由无穷无尽的耐心主导，耐心是解决难题最有效的工具。

几乎所有的人多多少少都为了害怕“痛苦”而逃避问题，譬如说，该戒烟时而未戒烟、该减肥时而未减肥、该运动而未运动、该储蓄而未储蓄、该进修而未进修、该工作而未工作……因为，这些事都必须靠良好的耐心才能完成，而他们只想逞一时之快，不愿承担从头开始及按部就班的痛苦。

耐心是一种心智的锻炼，一个人若是想要拥有高品质的生命，耐心绝对是不可或缺的条件。有一位国内著名的行为心理学专家，40多年来始终坚持一个习惯，每天清晨四点半起床读书。别人问他为什么要这么辛苦，他回答：“生命是如此有限，我珍惜每一个阶段，不容许自己有半点浪费。”

耐心需要靠时间培养。获得奥运金牌的残疾滑雪选手戴安娜·格登，虽然只有一只腿，但是滑雪速度却非常快，不输给正常人。

别人问她：“你怎么能做到那么快？”

她回答：“因为我一年训练150天，如果你也训练150天，相信你也可以和我一样快！”

心理专家指出，表面看来，“耐心”似乎是“受苦”的同义词，但它也是解决人生难题最有效的工具。它帮助我们在处理问题的过程中坚定不移，从而渐渐成长。

此外，耐心也是一种平衡，它可以让人更有效率。因为，有耐心的人知道要信守承诺，不但懂得为自己负责，也知道拒绝不该承担的责任，这样才不会为了各种外来的“邀约”而自乱阵脚。

哈佛大学医学博士、曾经写过《心灵地图》一书的派克医师说过一句话：“没有耐心做后盾，生活就不具有任何意义。”

派克医师被尊称为“具有影响力的现代精神导师”，他主张，人应该过有耐心的生活，漫无节制绝不会比有耐心来得更深刻，甚至会让人一事无成。

这就好比任意把色彩涂在白纸上，虽然颇具吸引力，看起来多彩多姿，但却不如现代画家色调控制得当的作品，不但有色彩，更具有丰富独特的内涵。

07. 一生磨一镜

人生的成就来自对细节的耐心。

在荷兰，有一个初中毕业的青年农民，来到一个小镇，找到了一份替镇政府看门的工作。他在这个门卫的岗位上工作了60多年，一生没有离开过这个小镇，也没有再换过工作。

也许是工作太清闲，他又太年轻，需要打发时间。他选择了又费时又费工的打磨镜片作为自己的业余爱好。就这样，他磨呀磨，一磨就是60年。他是那样地专注和细致，技术已经超过专业技师了，他磨出的复合镜片的放大倍数，比别人的都要高。借着他研磨的镜片，他终于发现了当时科技界尚未知晓的另一个广阔的世界——微生物世界。从此，他声名大振，只有初中文化的他，被授予了在他看来非常高深莫测的巴黎科学院院士的头衔，就连英国女王都到小镇拜会过他。

创造这个奇迹的小人物，就是科学史上大名鼎鼎，活了90岁的荷兰科学家万·列文虎克。他老老实实地把手头上的每一个玻璃片磨好，用尽毕生的心血，致力于每一个平淡无奇的细节的完善，终于他在他的细节里看到了他的上帝，科学也在他的细节里看到了自己更广阔的前景。

08. 耐心的力量

时机总在等待中出现，你和目标之间只需要时间。你能够解决绝大多数问题，因为在你和你的目标之间所隔的仅只是一点点时间。

也许要打二十个电话才能卖出一件东西；也许要努力五次才能戒烟或减肥；也许要申请十次才能得到你真正想要的工作。关键是你需要尝试再尝试直至成功。很多人太早就放弃了，要坚持下去，要有耐心，对你的主要目标要全神贯注直至它实现为止。这不仅仅是你昨天做了什么，也不仅仅是你今天要做什么的问题，而是你每天都要做的问题。如果在一个寒冷的早晨，你在很想继续赖在被窝里的时候坚持起床去了健身房，那才是一个决定性的时刻。切记所有的财富、所有的生意和所有的宝藏最终都将从老一辈人手里转移到年轻的一代手里。时刻做好准备，你的时机就会来临。

金·吉列是一个发明家，他把眼睛盯着全世界男人的胡子，发明了剃须刀并投入生产，结果大获成功。

1895年，40岁的吉列是一家公司的推销员，职业的需要使他十分注意仪表的修饰。

一天早上当吉列刮胡子的时候，由于刀磨得不好，不仅刮起来费劲，而且还在脸上划了几道口子，懊丧的吉列眼盯着刮胡刀，突然产生了创造新型剃刀的灵感。

于是他辞去了推销员的职务，专心研制新型剃须刀。新发明的基本要点是安全保险、使用方便、刀片随时可换。由于没能冲破传统习惯的束缚，新发明的基本构造总是摆脱不掉老式长把剃刀的局限，尽管他一次又一次的改进设计，结果却不能令他满意。

几年过去了，吉列仍是空怀雄心，希望渺茫。一天，他两眼茫然望着一片刚收割完的田地，一个农民正在用耙子修整田地。吉列看到农民轻松自如地挥动耙子，一个崭新的思路出来了。新剃须刀的基本构造应该同这个耙子一样，简单、方便、运用自如，苦苦钻研了 8 年的吉列终于成功了。

09. 值得一等

生命中很多乐趣值得耐心等待。

我是一个很没有耐性的人，生活里最使我难受的莫过于排队等什么之类的事。

一天，我驱车驰行在南加利福尼亚一条山路上，不久，出现了路障，我极不情愿地把车停下。前面的卡车里走出了一个司机，望了望，说可能至少要等半个小时。

“干吗要等？”我不禁冲他叫道。

“在铺水管。”他回答。

“铺水管？见鬼去吧！”我的情绪一下很糟了。

“悠着点，老兄，别让管道工气炸了肺。”他耸了耸肩。

他说得对。我很烦躁，打开收音机又关上，掏出皮包翻了翻，好几分钟手足无措。我变得愤愤然，两眼望着窗外发起愣来。

后面的车已排成长队，司机都下了车，我思忖不如下去走走。

“噢，多美的早晨。”路边一位穿着花格衫的年长者向我凑过来。我向四周看去，几缕白霭在圣莫尼卡山腰缓缓飘动，蓝天清新深远，我忽然感到一股秋天的气息。“是不赖。”我应道。

“下大雨的时候，那儿有一个瀑布。”他指着悬崖边的一个缺口说。我隐约想起曾到过那里，见过洪水从悬崖上一泻而下，在崖底激起阵阵迷雾。

“山里有人住吗？”一个姑娘从她车里走出来。

“有不少，”年长者笑起来，“我在这山里住了 22 年。”这使我又想起了一个幽静的地方，在附近的国家公园里。一个炎热的夏天，我偶然到了那儿，绿荫送着清凉，树影婆娑，我想不会有比它更令人宁静的地方了。

“小鹿！你看。”一个系着领带的青年指向山坡，向那姑娘招呼着，“瞧，那儿！”

“我看见了。”她突然高声叫了起来。

“冬天快到了，”青年兴致勃勃，“它们准是忙着找吃的。”

沿路边已站满了人，有几个拍起照来。呵，延误成了一次郊游。我不禁沉思，是什么把大家凑在一起，是什么让彼此交谈如故，我们相互给予的时间真的那样少吗？……

“好了，道清了。”我被喊声从沉思中拉回。

我看了一下手表，55分钟过去了。我简直不相信，这样长的时间里，我居然能安静等待，而没有发疯。

引擎发出轰鸣。我看见那姑娘正递给系领带的青年一张条子，也许，他们哪天会重逢的。是呵，多美的早晨。

10. 狼群的启示

耐心能够培养出难以置信的技能。

除了人自身以外，狼可以算得上是被人研究得最深最广的动物了。曾有人借助电子仪器跟踪观察了狼长达几天的捕猎行动。令人们惊奇的是，它们丝毫不对自己的任务感到厌倦心烦，也从不毫无目的地追逐或骚扰猎物。它们看上去好像只满足于做观察者，实际上却在对正追捕的兽群中每个成员的身体状况和精神状态加以综合分析。

当然，兽群中的老、幼、病、残是狼群的首选目标，但是狼的高明之处远不在于能确认出这些显而易见的牺牲品，它能观察到并记住猎物许多细微的个性特征和习惯。

有时也许只是一个细微的紧张的行为或癖性就会让一个动物易受攻击，比如某些独特的个性特征会促使一只动物离开群体的庇护，成为一个靶子，而所有类似的行为都被细心、耐心的狼记在心里。

狼与北美驯鹿之间存在着一种独特的关系。它们常常出生在同一个地方，随后又一起奔跑在地球上自然环境最恶劣的旷野中。它们之间的关系并非总是处于敌对状态，因为它们总是混在一起，所以几乎看不出什么紧张气氛来，但危机总有一天会出现。

想像一下这样一个场景——这是一位富有观察狼的经验的人为我们描述的——一群狼突然向驯鹿群冲去，使驯鹿聚成一群奔跑以确保安全。这时，狼群中的一匹狼斜刺冲到鹿群中，抓破一头“指定”的驯鹿的腿。狼群之所以选中这头驯鹿也许就是因为它们发现它的某些特点易于攻击，随后这头驯鹿又被放开归队。

这一幕一遍遍、一天天地重演着，狼群耐心地等待着时机，受伤的驯鹿渐渐失掉了大量血液、力气和反抗的意志。狼群定期更换角色，由不同的狼来扮演“捕手”，使这头可怜的驯鹿旧伤未愈又添新创。狼群最终胜利的形势越来越明显了，最后，当这头驯鹿已极为虚弱，再也不会对狼群构成严重威胁的时候，狼群开始出击了。

是耐心保证了胜利必将属于狼群。实际上，此时的狼也已经饥肠辘辘，在这种数天之后才能见分晓的煎熬中几乎饿死。为什么它们不直接进攻结果了那头驯鹿呢？因为像驯鹿这样体形较大的动物，如果踢得准，一蹄子就能把比它小得多的狼踢翻在地，非死即伤。狼群谋求的不是眼前小利，而是长远的胜利。

古代的歌谣和传说常常赞美狼那令人难以置信的技能，敏锐的观察力、专一的目标、默契的配合、好奇心、注意细节以及锲而不舍的耐心使狼获得了成功。

这些特点也都是昔日的人所具备的，我们是不是正在丧失掉这些能力？如果是，我们还能不能把它们找回来？

11. 克雷洛夫学外语

成功并非偶然，要拥有毫不动摇的耐心。

俄罗斯著名作家克雷洛夫有一个研究古希腊语的朋友格涅季奇，格涅季奇对古希腊艺术的爱好感染了克雷洛夫，克雷洛夫也决心学会古希腊语，以便能阅读古希腊诗人荷马的诗歌和伊索寓言的原本。大家都认为这是一个空想，于是劝阻他说："算了吧，人到了 50 岁要学习外国语是很困难的。"

克雷洛夫说："只要有耐心学习，任何时候都不为晚。"

两年以后，有一次，大家又偶然聚集在奥列宁的家中。格涅季奇突然回忆起了过去关于学外语的争论，克雷洛夫出其不意地建议大家，对他来一次古希腊语考试。朋友们都惊奇地望着克雷洛夫，以为他在开玩笑。于是，大家找来了许多希腊书，克雷洛夫带着调皮的微笑，滔滔不绝地一边读一边翻译，他翻译得准确流畅。

格涅季奇目瞪口呆，因为只有他知道，学习古希腊语不是轻而易举的事。克雷洛夫告诉格涅季奇说，他在这两年中，每天都阅读希腊作家的作品，有时熬夜一直到凌晨四点钟，把自己的眼睛都看坏了，不得不配眼镜。一年后，他又掌握了另一门外语——英语。

俗话说："天下无难事，只怕有心人。"这里所说的有心人，就是指志向坚定，不会轻易动摇，有耐心做事的人。

宋朝大文学家苏东坡也说："古之立大事者，不唯有超然之才，必有坚忍不拔之志。"意思是说，一个人如果要成就一番伟大的事业，除了必须具备高深的学问和才能以外，最重要的就是必须立志，必须有坚忍不拔的耐心做事的精神。

12. 只多一点耐心

足够的耐心往往带来不可思议的成功。想有所作为，在耐心上必须过关。

清廷派驻台湾的总督刘铭传，是建设台湾的大功臣，台湾的第一条铁路便是他督促修建的。

刘铭传之所以被任用，有一则发人深省的小故事：

当李鸿章将刘铭传推荐给曾国藩时，还一起推荐了另外两个书生。曾国藩为了测验他们三人中谁最好，便约他们在某个时间到曾府去面谈。可是到了约定的时刻，曾国藩却故意不出面，让他们在客厅中等候，暗中仔细观察他们的态度。只见其他两位都显得很不耐烦似的，不停地抱怨；只有刘铭传一个人安安静静、心平气和地欣赏墙上的字画。后来曾国藩考问他们客厅中的字画，只有刘铭传一人答得出来。

结果刘铭传被推荐为台湾总督。

没有耐性的人，必定缺乏坚毅持久、克服万难的精神，自然成就不了什么伟大的事业。我们希望将来能有所作为，首先便须磨炼自己的耐心和毅力。

成功是靠耐力与时间换来的。事实上，经历一番磨炼未尝不是一件好事。大多数人一旦功成名就，都不懂得如何自处，尤其是成功来得太快时。美国作家哈伯德说："你应该祈祷成功来临的速度不会超过你能忍受的程度。"假设人人都能一步登天，那么谁也不会因此感到真心的满足。

现实告诉我们，想在一夜之间造成轰动，必须经过多年的准备。没有过程，而一夕成功的情节，只在童话故事、小说、电影里出现。了解缔造丰功伟业要付出多少时间，并不妨碍你追求理想，所以不要因为你得赔上二十年功夫做这件事，就放弃了理想。若不努力实现理想，二十年后你也将一无所成。

只问耕耘，不问收获，成功会来得更快。想在某个特殊领域（不论是表演事业或电影行业）出人头地，非得磨上一段时日不可。把完成目标的时间定在十年、二十年后，而不是摆在眼前，成功几率将会大幅提升。

稍安勿燥，耐心等待，因为有耕耘才有收获。

13. 耐心等待每一朵花儿开放

每一朵花儿开放都有一定的时间，要耐心等待。

某人有一个庭院，庭院中常常打扫得干干净净。有一次，他出远门，托朋友照看庭院。朋友很懒散，任由庭院中的植物自由生长。结果，石凳旁边冒出了一些绿绿的芽尖，后来开出了花，花很香，像兰花。朋友就采了一朵花和几片叶子去请教专家，专家说："这是兰花中的一个稀有品种，叫腊兰，许多人穷尽一生都很难找到，如果在城市的花市上卖，能卖上万元。"

朋友将此事告诉了庭院主人。主人听后愣了一会说："其实那株腊兰每年都要破土而出的，只是我以为它不过是一株普通的野草而已。每年春天，它的芽儿刚出土就被我拔掉了，我几乎毁掉了一种奇花啊！如果我能耐心等到开花，那么几年前我就发现它了。"

是的，因为我们缺乏足够的耐心，没有给予一些植物开花的时间和机会，因此常会发生错把"腊兰"当成"小草"的事情。扪心自问，我们又有几个人没有犯过这样的错误呢？

有一个孩子，4 岁才会说话，7 岁才会写字。他的老师如此评价他："反应迟钝，思维不合逻辑，满脑子不切实际的幻想。"为此，他还遭遇到退学的尴尬。可就是这个孩子，长大了成了著名的科学家。他就是爱因斯坦！

有一个孩子曾被父亲抱怨是白痴，在众人眼中，他是毫无前途的学生，艺术学院考了 3 次还考不进去。他的叔叔绝望地对他说："你是怎么教也教不好啊！"可就是这个孩子，长大后成为法国著名的雕塑家。他就是罗丹。

有一个孩子经常遭到父亲的斥责："你放着正经事情不干，整天只管打猎、捉耗子，将来怎么办？"所有教师和长辈都认为他资质平庸，与聪明沾不上边。可就是这个孩子，长大后成为进化论的创始人。他就是达尔文。

伊姆雷的孩子是匈牙利一位木材商的儿子，小时候呆头呆脑，被人称为"木头"，没有人愿意跟他交往。可就是这个孩子，长大后写出小说《无法选择的命运》，成为诺贝尔文学奖的获得者。他就是凯尔泰斯。

每朵花儿开放都有一定的时间，每个孩子的成才都有一个过程。我们之所以会犯错，就是因为过重的功利心让我们等不到花儿开放的那一刻，等不及孩子经历完成长的过程；就是因为浮躁的态度让我们少了一种宽容的胸怀，少了一双智慧的眼睛。

其实，每个学生都是一块独特的宝贝，需要我们去发现、去发掘。那些爱学习、成绩好、安分听话的"乖孩子"优点明显，固然讨人喜欢，我们鼓励他们，赞扬他们也是理所当然的。但是，对于那些暂时还不爱学习、调皮捣蛋、脑子反应慢的学生，我们绝对不能给他们戴上"差生"的帽子，也绝对不能有半点的疏远和歧视。因为他们与"乖孩子"比起来，也许是开花的时间迟了一点。要相信，只要耐心等待，给予他们足够的时间，他们开出的花儿也一定是独特的、芬芳的。

陶行知先生曾有首打油诗："你这糊涂先生，你的教鞭下有瓦特，你的冷眼里有牛顿，你的讥笑声中有爱迪生……"我想，我们的教师不应该再做这"糊涂先生"了，而应该做有爱心、有智慧的教师——能从植物小小的芽儿看到它开花的样子，能用自己的汗水无私地浇灌校园沃土中的每一种植物，能耐心地等待每一株鲜花争奇斗艳、每一棵小草勃发生机。

14. 操之过急

在你持利斧破门而入之前，请先耐心试试门锁。

有位自负的学生参加一项考试。试卷发下来，他大致浏览了一下，试卷上头一行写着“请先看完所有题目之后，再开始作答。”另外一百道是非题。以他的实力只需三十分钟即可考完，于是自信地开始作答。

过了两分钟，有人满面笑容地交卷，这位聪明的学生心中暗笑：“又是交白卷的家伙。”

再过五分钟，陆续有十几个人交卷，同样是笑容满面，看来不像是交白卷的模样。这个学生看看自己只答到二十余题，连忙加快速度，埋头作答。

待他答到第八十题时，赫然发现题目写着：“本考卷不需作答，只要签上姓名交卷便得满分，多答一题多扣一分。”

他满脸狐疑地举手向监考老师发问，只见同时也有数名考生迷惑地四处张望。

监考老师神秘地笑了笑：“看一看你们试卷上第一行的说明。”

这位学生看着试卷第一行的说明：“请先看完所有题目之后，再开始作答。”他不禁痛恨自己太冲动了。

你是否也是这样——等不及把话听完就做反应？等不及把事情弄明白就下决定？等不及完全了解就做判断？等不及看清楚就跳进去了？

15. 好习惯的益处

给人最大收益的习惯就是耐心等待。耐心等待，就能捕捉到机会。

李嘉诚说，人生自有其沉浮，每个人都应该学会忍受生活中属于自己的一份悲伤，只有这样，你才能体会到什么叫做成功，什么叫做真正的幸福。

杰克·伦敦是享誉全美的大作家。他在很小的时候就立下了志向——将来成为著名的大作家，杰克·伦敦为了实现自己的理想曾付出过艰苦的努力。

他19岁进入高中就读，并在短短3个月时间内读完了4年的课程，通过考试，进入大学。在大学时期，杰克拼命地写作，他以每天5千字的速度拼命写稿，花20天的工夫就完成一部长篇小说。那段日子里，他以短篇小说《海洋外的台风》入选旧金山回音报主办的征文比赛的第一名，奖金20美元，这点钱连他所欠的房租都不够。生活的巨大压力使他不得不加入到淘金队伍之中，在经过千辛万苦之后，杰克一文不名地回到了家乡。

为了生存，他在餐厅里洗碟子、扫地，也曾在码头做零工，但他仍旧一贫如洗。

1898年的一天，杰克身上仅剩下两美元，如果用完了，他只有饿死。在走投无路的困境下，好消息突然传来，他的6部长篇小说及125篇短篇小说出版了。杰克一下子成为全美文坛最受欢迎的作家。

俄国大作家果戈理成功的方法也是坚持每一天都要写作，

从不间断。一次,他的一个朋友问他:“您天天都写吗?”

果戈理肯定地说:“必须每天写作。”

朋友又问:“如果有一天没有写呢?”

果戈回答道理:“如果有一天我没有写作,就拿起笔来,写‘今天不知因为什么我没写’,‘今天不知因为什么我没写’,把这句话一遍一遍地写下去,直到写得厌烦了,就要开始写作了。”

良好的生活习惯,是成功的前提,它可以产生出巨大的力量。如果你反复地去做一件对成功有利的事,那么所有的困难就微不足道了。一个好习惯给你带来的好处,可能会远远超出了你的想像和期待。

16. 达摩面壁

凡成就大业者，首先面对的是耐心的考验。

佛经中记载着达摩面壁九年，小鸟在他身上筑巢竟全然不知的故事，这无疑表明了求索人生之道的艰难与困苦。古往今来，凡成大业者，无一不经历过这种艰辛的磨砺。这种磨砺，就是一种自我教育的方式。

宋代司马光自幼聪慧过人，勤奋好学。七岁时，听老师讲《春秋左氏传》，精神集中，记得很牢。回到家中，复述起来，头头是道，毫无差错。

后来，司马光做了官，学习仍然刻苦。他的住房中除了卧具和图书，别无他物。卧具也很简单：一架木板床，一床粗布被，一个圆木枕头。司马光为什么用圆木枕头呢？原来他怕自己读书困倦时一觉睡得太久，而圆木枕头容易滚动，只要一翻身，或者头稍稍动一动，那枕头就滚落地上，脑袋就会重重地磕在木板床上，从而立即惊醒，这样，就可以继续攻读。他给这圆木枕头起了一个很有意思的名字，叫做“警枕”。

司马光和他的助手一起，用了19个年头，写出了卷帙浩繁的巨著《资治通鉴》草稿。在他的辛勤努力下，一部上自战国，下至五代，囊括16个朝代1362年历史，共294卷、300多万字的《资治通鉴》定稿了。初稿几百卷，稿上竟没有一个草字。这部书修改完毕时，在洛阳存放的草稿，就堆了满满两屋子。司马光说：“平生精力，尽于此书。”

著名画家齐白石老人，除了画在书画界享有盛名之外，他的篆刻艺术也堪称一绝。可是当年,齐白石初学刻印时,总是失败,不是走刀字坏,就是石碎器毁。

于是,他放下印章和刀具,去向铁安老师求教,齐白石说:“我该怎么办呢?请老师指点。”

铁安笑了笑说:“南泉冲有的是楚石,你挑一担回去,随刻随磨,等它都成了石浆,你就刻得好了。”齐白石立刻悟出了其中的道理。

从此,他发愤苦学,终于在篆刻艺术方面达到了很高的造诣。他的篆刻取法于汉代凿印,刀法刚劲,布局奇伟。刻前不打样,刻时不回刀,堪称绝技。

如果当年齐白石半途而废的话,他就不会在篆刻艺术领域取得巨大的成功。古人所说的志是一种信念,人生如果没有一种坚定的信念作为支撑,就会虚度光阴,一事无成。

17. 经营诀窍

足够的耐心会改变一个人的命运。

汤姆·莫纳汉建立了一个经营额达10亿美金的比萨饼公司，他们以送货快捷著称。这位44岁的企业家之所以能领导着世界最大的比萨饼运货公司——多米诺比萨饼公司，用莫纳汉自己的说："我成功是因为我有耐心坚持。"

多米诺公司经营的诀窍很简单：每天使自己的工作变得紧张而有序。一大早当订货的电话一挂，比萨饼就被送进烤箱，送货的司机迅速奔向装满热气腾腾比萨饼的汽车。工人们在紧张繁忙的工作中，顺利地完成了任务，每一项工作的进行，都需要他们争分夺秒。莫纳汉曾把"勤勤恳恳"四个字作为企业的厂训。不仅如此，他还认为在食品业中如果能保持这种状态，收益将是无形的。

许多人与成功无缘，正是因为他们不够耐心。勤俭致富的船业巨子汤姆森说："大家虽然知道该怎么达到成功，却多半没有耐心坚持耕耘。"有些成就需要付出的代价相当可观，包括牺牲时间、体力、金钱等等。

成功的基础是专注、持续的努力，一位前辈提醒我们："失败不是懒惰者唯一的惩罚，看到别人的成就也是一种惩罚。"当你坐在家中看电视，体重逐渐增加的时候，许多人却正在努力追求他们认为重要的东西。他们知道，成功者都遭遇过逆境和阻碍。如果你想得到爱情、工作或名利，也必须经历一番挫折与磨练。

18. 一步步奔向目标

设定可达到的目标,实现后,就会有一种积极的强化力量帮助奔向更远大的目标。

曾经有一位63岁的老人经过长途跋涉,克服了重重困难,从纽约市步行到了佛罗里达州的迈阿密市。在那儿,有位记者采访了她,他想知道,这路途中的艰难是否曾经吓倒过她,她是如何鼓起勇气,徒步旅行的。

"走一步路是不需要勇气的",老人答道,"我所做的就是这样。我先走了一步,接着再走一步,然后再一步,我就到了这里。"

是的,做任何事,只要你迈出了第一步,然后再一步步地走下去,你就会逐渐靠近你的目的地。如果你知道你具体的目的地,而且向它迈出了第一步,你便走上了成功之路!

我们大多数人都听说过,写下自己目标的人比没有写下自己日标的人会更成功。

在目标设定方面,专家主张采取初级步骤进行活动而不是迈开大步向前。虽然每个人都应该有伟大长远的梦想和希望,然而,对于目标设定,他们建议人们做一个不太成功的人,而不是过度成功的人,也就是说,采取初级步骤。例如,如果你想拥有健美的身材,不是去健身房一个小时,而是只去20分钟。换句话说,设定一个不太成功的目标,然后迫使自己坚持它,这样你就不会觉得压力太大,而是觉得能够应付。由于觉得自己能够应付,你会发现自己渴望去健身房,或做生活中其他需要你做的事情。总之,拥有宏伟大胆的梦想,然后每天做一点事情,也就是说，用小步而不是迈大步越过悬崖。设定可达到的每日目标，这样，当你实现每日目标后，就会有一种积极的强化力量帮助你沿着通向远大目标的道路不断前进。

当然，跨过第一步十分重要，美国成功学大师克里曼·斯通讲述了自身的经历。

前几年4月的一个晚上，斯通在墨西哥城访问弗兰克和克劳迪娅夫妇。克劳迪娅谈到："我盼望我们在加丁区能够有一所房子。"

斯通问："你们为什么还没有呢？"

弗兰克哭了，答道："我们没有这笔钱。"

斯通说："如果你知道你想要什么，穷有什么关系呢？"

弗兰克没有回答。

斯通又提出一个问题："顺便说一下，你是否读过一本励志书，例如《思考致富》、《积极思考的力量》、《你的内在的力量》、《信心的魔力》等？"

他们回答："没有。"

于是斯通就告诉他们一些人的经历：这些人知道他们想要什么，读了一些励志书，听从书中的意见，然后就行动。迈出第一步后，他们继续坚持努力，最终获得了他们所追求的东西。

斯通还告诉弗兰克夫妇几年前他自己的情况：当年，他首付1500美元，然后通过分期付款，购买了一所价值120万美元的新房子以及如何按期付清了房款。斯通送给了他们一本他推荐的书。

弗兰克和克劳迪娅下定了决心。

几年后的12月，当斯通正在家中休息时，接到了克劳迪娅打来的电话。她说："我们刚从墨西哥城来到美国，弗兰克和我所要做的第一件事就是感谢你。"

斯通感到诧异："感谢我，为什么？"

“我们感谢你，因为我们在加丁区买了一所新房子。”

几天后在请斯通吃饭时，克劳迪娅解释说：“在一个星期六的傍晚，弗兰克和我正在家里休息，有几位从美国来的朋友打电话来，要我们用汽车把他们送到加丁区去。恰好那个时候我们都相当疲乏了，弗兰克正准备拒绝时，书上的一句话闪现于他心中：‘迈出第一步。’于是我们把朋友送到了那里，当我们车送他们通过这人造的天堂时，我们看见了自己梦寐以求的房子——甚至还有我们所渴望的游泳池。于是我们买了它。”

弗兰克说：“你可能很想知道：虽然这个房产的价值超过 50 万比索，而我们的存款只有 5 千比索，但我们住在加丁区新居的费用比住在旧居的费用还要少些。”

“这是为什么呢？”

“因为我们买了两套房间，它们在财产上相当于一所房子。我们将其中的一套租了出去，那套房间的租金足以偿付整个房产的分期付款。”

任何大的事情，都要一步一步有耐心的来完成，任何艰难看似不可能做到的事情，都可以靠着耐心来做到，只要有足够的耐心，一切皆有可能。

第七味：清心

找寻心灵的平静

01. 欲望的锁链

欲望就像是一条锁链，一个牵着一个，永远都不能满足。

有一位禁欲苦行的修道者，准备离开他所住的村庄，到无人居住的山中去隐居修行，临行可他只带了一块布当作衣服。

后来，他想到当他要洗衣服的时候，需要另外一块布来替换，于是他就下山到村庄中，向村民们乞讨一块布当作衣服，村民们都知道他是虔诚的修道者，于是毫不犹豫地给了他一块布，当作换洗用的衣服。

当这位修道者回到山中之后，他发觉自己居住的茅屋里面有一只老鼠，常常会在他专心打坐的时候来咬他那件准备换洗的衣服，他早就发誓一生遵守不杀生的戒律，因此他不愿意去伤害那只老鼠，但是他又没有办法赶走那只老鼠，所以他回到村庄中，向村民要了一只猫来饲养。

得到猫之后，他又想到了——“猫要吃什么呢？我并不想让猫去吃老鼠，但总不能让它跟我一样只吃一些水果与野菜吧！”于是他又向村民要了一头乳牛，这样子那只猫就可以靠牛奶维生。

但是，在山中居住了一段时间以后，他发觉每天都要花很多的时间来照顾那头乳牛，于是他又回到村庄中。最后他找到了一个可怜的流浪汉，于是就将这无家可归的流浪汉带到山中，帮他照顾乳牛。

那个流浪汉在山中居住了一段时间之后，跟修道者抱怨说：“我跟你不一样，我需要一个太太，我要有正常的家庭生活。”

修道者想一想也有道理，他不能强迫别人一定要跟他一样，过着禁欲苦行的生活……

这个故事就这样继续演变下去，你可能也猜到了，到了后来，也许就是半年以后，整个村庄都搬到山上去了。

欲望就像是一条锁链，一个牵着一个，永远都不能满足。

《百喻经》里有一个故事：从前有一只猕猴，手里抓了一把豆子，高高兴兴地在路上一蹦一跳地走着。一不留神，手中的豆子滚落了一颗在地上。为了这颗掉落的豆子，猕猴马上将手中其余的豆子全部放置在路旁，趴在地上，转来转去，东寻西找，却始终不见那一颗豆子的踪影。

最后猕猴只好用手拍拍身上的灰土，回头准备拿取原先放置在一旁的豆子，怎知那颗掉落的豆子还没找到，原先的那一把豆子，却全都被路旁的鸡鸭吃得一颗不剩。

年轻时，对于某些事物的追求，往往缺乏理智判断，而只是一味地投入，这不正像故事中的猕猴只顾及掉落的一颗豆子吗？等到老来，身体衰败，亲人不再时，终将发现所损失的，竟是所有的豆子！想想，我们现在的追求，是否也是放弃了手中的一切，仅追求掉落的那一颗！

在印度的热带丛林里，人们用一种奇特的狩猎方法捕捉猴子：在一个固定的小木盒里面，装上猴子爱吃的坚果，盒子上开一个小口，刚好够猴子的前爪伸进去，猴子一旦抓住坚果，爪子就抽不出来了。人们常常用这种方法捉到猴子，因为猴子有一种习性，不肯放下已经到手的东西。现实中，人们总会嘲笑猴子的愚蠢：为什么不松开爪子放下坚果逃命？但审视一下我们自己，也许就会发现，并不是只有猴子才会犯这样的错误。

因为放不下到手的职务、待遇，有些人整天东奔西跑，荒废了正当的工作；因为放不下诱人的钱财，有人费尽心思，利用各种机会去大捞一把，结果常常作茧自缚；因为放不下对权力的占有欲，有些人热衷于溜须拍马、行贿受贿，不惜丢掉人格的尊严。

生命如舟，生命之舟载不动太多的物欲和虚荣，要想在驶往彼岸时不致中途搁浅或沉没，就必须轻载，只取需要的东西，把那些应该放下的“坚果”果断地放下。

让我们从猴子的悲剧中吸取一个教训：该松手时就松手。

02. 心处静境自然清

拜佛容易修佛难，为佛容易为人难，懂理容易懂事难，静心容易清心难。

佛云：身心绝烦恼，曰“静”；使心造作，曰“思”，心处静境，而进入思维，曰“静思”。今吾之静之思，非藏喜怒于无形之矜持，亦非含而不露之城府，是所谓心清则静，心执著即思也——风清月白，心清佛现。

但凡慈悲者，必怀恻隐之心；但凡慈善者，必行和善之举。佛曰：慈即是爱，一种清净之爱。窃以为：那些日日烧香拜佛之人却并非一心向善之徒，唯清心在，爱才清净。朱光潜尝言：当年的佛祖正是以一种出世的精神来成就这番入世之事业的。只是太多的人正在反其道而行之，更把那“慈悲”一词当作了一句口号来喊。

信仰或者是信念，本该是人一生的事业之所在。人，就是这个信仰的载体，是这个信念的物化，没有信仰的人也许就像是一条空的无人撑舵的船。人皆有佛性，只是有的人尚未知觉罢了，要知道，真正的菩萨绝非庙里的泥塑之像，唯能救人者，才堪称真正的菩萨。佛曰：心即是佛！佛又曰：直接体证！但，大多的人拜佛只是为脱己孽。

我们总是喜欢说：人争一口气，佛争一炷香。其实那都只不过是以己之私心去度佛陀之胸腹罢了，最终自是难越重重尘障。佛陀说：无我，亦即无我之物。那么又何来这一“争”之说呢？只是这“无我无物”一如无法想象的宇宙之无限，实非吾等凡俗者们心力所能及也。然而，至少我知道了“四大皆空”并非只是教人做一个空心人。

人时常说“我迷失了自己”，于是，便去寻找那个自我。殊不知，这个寻找的行为已经与佛相背道而驰了。不要以为念上几句经文即可消除今生之罪孽，念经最多只能使人静下心来看清自己人生的方向罢了。心怀功德，那本就是一种错失，凡有所得必先要肯舍，身无所有，心才能无所求，放下执著之心，才得现祥和之怀。

能舍才能得，这一句话我们早已耳熟能详。唯舍得烦恼，才得拥有快乐；唯舍得贪婪，才能拥有福德。在我们苦叹人生无常的时候，不要忘了“万法因缘生，缘谢法还灭”。世间万物皆是生灭随缘，那么，死生亦是缘。勿以缘喜，勿以缘悲。唯超越了悲喜，超越了善恶，方能净身清心。若想使心无所束缚，唯有跳出执著。

佛曰：欲知过去因，现在受者是；欲知未来果，现在作者是。人常说“一念之差”，岂不知，这一念即因缘，要知道，天堂与地狱也只是一念之隔。人在起心动念间即为自己播下了业种，拔剑出鞘即入地狱之门，归剑入鞘即跨天堂之槛。万般带不去，唯有业随身。福田由己造，苦海亦自渡。切记，唯自己才是真正能渡自己的佛。

人生其实本是一只只破漏的桶，装得再满，总要泄漏，不管是荣华还是富贵，不论是爱恨或是聚散，也许，精卫可以填海，然一定无法填补人之欲。欲无止境，人即患得患失，一意执取，于是，更陷痛苦之源。那么，我们先要做的，也许是修补这只千疮百孔的破桶。识其根本，才得解脱，使之不漏，方能圆满。

想那失眠之人总觉夜太长，想那疲倦的旅人，也觉路太长。心静即是佛，心躁则是魔，所有的烦恼和困顿皆来自人的内心。圣人曰：人之初，性本善。佛亦云：人心似镜，轻安自在。不是吗？想那镜子，物来影现，物去影灭，境转心不转，景转镜不转，来去无痕，不失亦不得，慧命自安在。只是，吾辈凡俗者的心镜却时常被蒙尘、被沾染。

凡此种种，其实归根结底一句话：拜佛容易修佛难，为佛容易为人难，懂理容易懂事难，静心容易清心难。有多少容易就有多少难！

03. 人到清心天自凉

调整态度，让自己有新的心境，抛开坏心情。

读过一篇《塔院访禅》的文章，文章记叙了生活在古刹白马寺塔院里的比丘尼的一些生活片断。她们一天的生活简化到只是诵经上课打坐拜塔，而她们执著于自己对佛学的信仰，心无旁骛，一心一意的参禅悟道。当被问及这样的生活对她们来说是否清苦时，那位体性法师淡淡地说："清苦是福。受不了这个苦，也就享不了这个福。"读到这里，不觉醍醐灌顶，再三品味，一时间竟心向往之。

喜欢这"清"的感觉，清该是清雅、清洁、清净、清心。有了环境的雅洁净，就少了人事的困扰内心的躁动，也就会有一种心境恬淡没有挂虑的"清心"和"宁静"。这样一份心境真是好难得的，"苦"则"苦"矣，福也在其中了。

佛门净地一直是我向往的所在。在那或深山古刹或荒庵小院，伴霭霭香烟、声声木鱼，耳闻唯有秋虫，目见只有残月，摒弃杂念，一心一意读经诵经、参禅悟道，内心里该是一种怎样的大平静。这大平静中让人浑然忘却风花雪月、春夏秋冬。日子里没有了三九严寒的砭肌入骨，也没有了赤日炎炎的烦心忧神。一年只是一季，一天也只是一时。也许贝叶蒲团、青灯古寺、冷壁残窗未免会有些寂寥清苦，但在这寂寥清苦中一定会得到人生的大超脱，在超脱中得到人生的升华。这便是人生的最高境界了。

可是，真的就这么简单么？当我把自己的想法用开玩笑的方式跟一位我尊敬的兄长说起的时候，他说我是浪漫的可以了，并说尘缘未了凡根未净，仅仅是为了回避什么躲避什么而去，功利色彩太重，佛门未必肯要。即使去了，也不会清净清心，因为心魔还在。

也许真的是这样吧。手边有一卷《古代尺牍小品》，里面收录了一封清代云仙居士写给偶然相遇并一见钟情的顾晴芬的一封信。文字清丽雅洁，容我抄上一段："筑庵在云栖烟霞之间，一琴一瓢，一炉一钵，亦啸亦咏。春来名花解语，好鸟弄晴；夏时清风徐来，荷香清暑；秋月明辉，蟾华皎洁；冬日可爱，岭秀孤松。有时引鹤于孤山断桥之畔，凭眺晚晴；亦有时泛舟于柳浪花巷之中，徜徉美景。怡然自乐，悠悠忘机。"

人到清心天自凉！

04. 洗 心

内心的垃圾需要日日清理，内洗心胜过外洗身。

在《王阳明全书》里面有这样一段记载说：有一个名叫杨茂的人，既聋又哑，阳明先生不懂得手语，只好跟他用笔交谈，阳明先生首先问："你的耳朵能听到是非吗？"答："不能，因为我是个聋子。"问："你的嘴巴能够讲是非吗？"答："不能，因为我是个哑巴。"又问："那你的心知道是非吗？"只见杨茂高兴得不得了，指天划地回答："能、能、能。"

于是阳明先生就对他说："你的耳朵不能听是非，省了多少闲是非；口不能说是非，又省了多少闲是非；你的心知道是非就够了。"倒有许多人，耳能听是非，口能说是非，眼能见是非，心还未必知道是非呢！也许你我都可能如此。

我们有很多的是非，都是听来的，人家第一句话，就叫你暴跳如雷，第二句话就叫你泪流成河，那人家岂不成了导演，而我们岂不当了演员？还有很多的是非，都是说出来的，所谓"病从口入，祸从口出"，哪怕只是两片薄薄的嘴唇，就可以把人间搞得乌烟瘴气，鸡犬不宁。可见很多的是非都是听来的，都是说出来的。

你为什么那么痛苦？因为你太执著，看不开、放不下，自然把自己给绑死了，解脱不得。若能看开了、放下了，难保不会"柳暗花明又一村"。

如何"创造"幸福人生，为什么用"创造"呢？所以用创造，而不用追求；因为创造主权在我，要不要？要，就可以得到，而追求，往外追、往外求、万一追不到，求不得，烦恼还是要来的。

幸福快乐，不能简单地等同于钱多。假如钱很多而心不快乐，那个钱宁可不要，对不对？人人都有机会贪污，为什么大家都不想贪污？因为贪污就是取之以不道，道者理也，理得心安，理不得，心难安，所以就不要了。假使你拥有了一切，却丧失了自己，就叫本末倒置，舍本逐末，效果不彰，那将是非常痛苦的事。

每天早上垃圾车会把垃圾全部带走，那是有形垃圾，容易处理，而无形的垃圾最难处理。什么是真正的垃圾呢？怨、恨、恼、怒、烦，这才是真正的垃圾，假若今天你请垃圾车把这些垃圾全部带走，那你就没有心灵垃圾了。

以前有个人名叫商汤，他在洗澡盆上写了九个字，“苟日新，日日新，又日新”。商汤在洗澡的时候，外洗身，内洗心，所以他在洗完澡后“身心舒畅”。我们现在一般人洗澡，只洗身，不洗心。在洗澡的时候，还怨这个恨那个，真糟糕，不洗也罢。真正的洗澡，应该是把身体洗得干干净净。外去身上污垢，内去内心的渣滓，还身心一个内外俱净的澄澈状态。

05. 心理贫穷

我们不是拥有太少，而是欲望太多，因而造成心理贫穷。

从前，有两位很虔诚、很要好的教徒，决定一起到遥远的圣山朝圣。两人背起行囊，风尘仆仆地上路，发誓不达圣山朝拜，绝不返家。

两位教徒走啊走，走了两个多星期之后，遇见一位白发年长的圣者。圣者看到两位如此虔诚的教徒千里迢迢前往圣山朝圣，就十分感动地告诉他们：“这里距离圣山还有十天的脚程，但是很遗憾的是，在这十字路口我就要和你们分手了。分手前，我要送给你们每人一个礼物。什么礼物呢？就是你们当中一个人先许愿，他的愿望一定会马上实现；而第二个人，就可以得到那个愿望的两倍！”

此时，其中一个教徒心里想：“这太棒了，我已经知道我想许什么愿，但我不能先讲，因为如果我先许愿，我就吃亏了，他就可以有双倍的礼物！不行！”而另外一教徒也自忖：“我怎么可以先讲，让我的朋友获得加倍的礼物呢？”于是，两位教徒就开始客气起来：“你先讲嘛！”“你比较年长，你先许愿吧！”“不，应该你先许愿！”两位教徒彼此推来推去：“客套了”一番后，他们就开始不耐烦起来，气氛也变了：“你干吗！你先讲啊！”“为什么我先讲？我才不要呢！”

两人推到最后，其中一人生气了，大声说道：“喂，你真是个不识相、不知好歹的人，你再不许愿的话，我就把你的狗腿打断、把你掐死！”

另外一人一听，没想到他的朋友居然变脸，竟然恐吓自己！

于是想：你这么无情无义，我也不必对你太有情有义！我没办法得到的东西，你也休想得到！于是，这一教徒干脆把心一横，狠狠地说道："好，我先许愿！我希望——我的一只眼睛——瞎掉！"

很快地，这位教徒的一只眼睛瞎掉了，而与他同行的好朋友，也立刻瞎掉了两只眼睛！

原本，这是一件十分美好的礼物，可以使两位好朋友共享，但是人的"贪念"与"嫉妒"，左右了心中的情绪，所以使得"祝福"变成"诅咒"，使"好友"变成"仇敌"，更使让原来可以"双赢"的事，变成两人瞎眼的"双输"！

在巴拉圭有一对即将结婚的夫妻，因为中了一张七万五千美金的"高额彩券"而高兴地大喊大叫、相互拥抱。

可是，这对马上要结婚的新人，在中奖后隔天，就为了"谁该拥有这笔意外之财"而闹翻了。两人大吵一架，并不惜撕破脸皮、闹上法庭。为什么呢？因为这张彩券当时是握在未婚妻手中，但是未婚夫则气愤地告诉法官："那张彩券是我买的，后来她把彩券放入她的皮包内，我也没说什么，因为她是我的未婚妻嘛！可是，她竟然这么无耻、不要脸，居然敢说彩券是她买的！"

这对未婚夫妻在公堂上大声吵闹，各说各的理，丝毫不妥协、不让步，让法官伤透了脑筋。最后，法官下令，在尚未确定"谁是谁非"之时，发行彩券单位暂时不准发放这笔奖金！两位原本要结婚的佳偶，却因争夺奖券的归属而变成怨家，最后双方决定取消婚约。

有人说："结婚，经常不是为了钱；离婚，却是经常为了钱！"

的确，人的私心、贪婪、嫉妒，常使人跌倒，重重地跌在自己"恶念"的祸害里。

事实上，我们所拥有的，并不是太少，而是欲望太多；欲望太多，就使自己不满足、不知足，甚至憎恨别人所拥有的，嫉妒别人比我们更多，以致心里产生忧愁、愤怒和不平衡；欲望太多，其实是一种心理贫穷！

06. 寻求内在的平静

人生智慧在于剔除可有可无的事物，不受纷扰外界的影响。

从前，一个富有的农夫在巡视谷仓时，不慎将一只名贵的手表遗失在谷仓里。他在偌大的谷仓内遍寻不获，便定下赏金，要农场上的小孩到谷仓帮忙，谁能找到手表，就给他 50 美元。

众小孩在重赏之下，无不卖力地四处翻找，但是谷仓内满坑满谷尽是成堆的谷粒，以及散置的大批稻草，要在这当中找寻小小的一只手表，无疑大海捞针。

小孩们忙到太阳下山仍无所获，一个接一个地放弃了 50 美元的诱惑，一起回家吃饭去了。只有一个贫穷的小孩，在众人离开之后，仍不死心地努力寻找那只手表，希望能在天黑之前找到它，换得那笔巨额赏金。

谷仓中慢慢变得漆黑，小孩虽然害怕，却不愿放弃，手上不停摸索着，突然他发现在人声静下来之后，出现一个奇特的声音。

那声音“滴答、滴答”不停响着，小孩登时停下所有动作，谷仓内更安静了，滴答声也响得更加清晰。小孩循着声音，终于在偌大漆黑的谷仓中找到了那只名贵的手表。

在成功的道路上，我们难免会遇到一些障碍，如何能够越过障碍而直抵成功的终点，是我们必须学习与研究的重要课题。

日趋进步的社会，带来日益繁复的各类资讯，连带，使得人与人之间的关系也变得更加复杂。许多人认为，想要成功，就得在这些复杂的障碍中理出一条清晰的大道来，方便自己行走。于是便求助于迷信或算命占星等方式，企图提早看清自己未来的方向。

正如故事中众人纷乱地找寻手表一般，如果不能真正了解成功的法则，再多的问卜相命，不仅是徒劳无功，同时也损失自己的金钱。其实，真正的大师应该是你自己。

成功的法则其实很简单，而成功者之所以稀少，是因为大多数人都认为太简单了，而不信或不屑去做。

专注与单纯，是成功法则中极为重要的两项态度。正如故事中的贫穷小孩一般，为了获得巨额赏金改善生活，在众人放弃后，执意要找到手表，甚至克服了对黑暗的恐惧。而当谷仓安静下来后，当周遭环境不再复杂时，他便轻易找到了他想要的。

成功法则正如谷仓内的手表，早已存在你的心中。只要你真的去寻找它，并且让自己静下来，专注而单纯地思考，你就可以听到清晰的滴答声。

循着你心内正面的引导，不被复杂的外力所惑，你终将成为一位顶尖大师。

07. 清心禅语

一定有一条真正属于自己的道路，千万不要随波逐流。

近读林新居的禅理散文《满溪流水香》之《清心也可以》，反复品味茶壶诗——“心也可以清，清心也可以，以清心也可，可以清心也。”真是意犹未尽、回味无穷。感悟“倘若我们能够无贪无求，即使是品茗小事，也可以使原本纷乱的心情得以澄清，心既清，便可清心；因为清心的缘故，所以随时随处可得佳趣”。

生活在充满竞争、充满压力、充满希望的年代，无论是官场的明争暗斗、生意场上的尔虞我诈、竞技体育的瞬息万变、演艺场上的大红大紫，还是寻常人家日常生活的变化，人们的心态都面临着极大的诱惑和考验。

其实，富甲天下，也可能忧心忡忡；昭昭大才，也不一定心怀坦荡。其实，快乐与幸福是相对的，只是一种感觉。其实，对于成功人生而言，一个人的心态远比才能和努力更重要。

人们没必要恐惧失败、躲避困难、逃避现实，人们没理由津津乐道成功、财富、名望，其实，所有的一切都是动态变化的，都是暂时滞留存在的。

人们可以根据自己的情况选择清心的方式，可以学孙犁“爱品林中鸟”，可以像艾雯“独享月夜的清幽”，可以如海明威做“大海踏浪人”，可以品老舍的“鸽趣”，可以品丰子恺“酌饮风味在情境”。

快乐的人总在寻找生活中的鲜花，痛苦的人只是看到生活的垃圾。懂生活的人总在享受生活中的乐趣，不懂生活的人还在抱怨生活的无聊。会生活的人不是没有悲哀，而是不陷于悲观，不会生活的人不是没有快乐，而是放弃了快乐。

清心靠自己感悟，清心靠自己寻找，清心靠自我调整。

世界光如水月，
身心皎若琉璃；
但见冰消涧底，
不知春上花枝。

08. 淡泊以清心

回味生活的过程，生命只存留于此时此刻。

总想从现代生活的快节奏中暂时脱出，寻一山清水秀、树翠天高的去处，优哉游哉，看行云缓缓，听溪水潺潺。说起来，并不是想逃避现实，更不是厌倦生活，而是想于忙碌与喧嚣中小憩，谓之——清心。

步履匆匆与车水马龙是一种景象，但暂时做一次闲云野鹤也是一种境界。试想，姑且告别一下写字台上的报告、谈判桌边的舌战和精密准确的图纸，倚竹杖坐看山林色晚，或是观沧海而抚古思今，那是多么愉悦的事情！倘有翠湖，驾一叶小舟而溯流，在澄澈与晶莹之上寻一份安静，那也算是一种惬意。

犹如将一瓶成分复杂的水沉淀，会得到珍贵的清纯。清心或使纷乱的心情有线索可以清理，或于忘忧的状态得到心理调整，更能使人反思。倘在清心之中，凝神另一境界，得到空旷悠远或新的启迪，更不枉一番苦心。

我曾为清心而漫步于海滩，在拍岸的雪浪和远处的帆影中，得到生命的启迪，浩瀚纳进心胸，豪放注入襟怀；我也曾漫步于林中空地，在一方净土中观阳光与溪水，突然悟出了为人之道，于是欣喜若狂，更觉清风两袖，心灵无尘。

不知为什么，我总有与现代生活的节奏紧赶不及之感。但时正英年，按说应与垂暮无缘，便时时寻找闲暇，以便清心。这不是陶潜的遗风，也不是远遁世俗，大约应归于一种积蓄和调整，或是新的冲刺前必要的缓冲。我想，倘若人的一生在事业上有所成就，在生活上也并不疲惫，活得岂不更加漂亮？

观鸟翅掠过树梢而有勇猛的飞翔，看山千古如斯而视名利若浮云，读帆叶弄潮而在事业上一往无前，听溪迴山石而不畏奋斗的坎坷，此是清心的佳境。

其实万事皆理于此。所谓“张而不弛，文武弗能也；弛而不张，文武弗为也；一张一弛，文武之道也”，说的怕就是清心的道理。生活离不开急管繁弦，但亦不能不珍惜柔笙缓笛。

人们，让心灵多享受一些宁静和清新吧！因为清心之后，你会觉得自己如一池静水，或是一座透明的山峰，而面前有金碧辉煌的阳光在召唤……

09. 清心之福

唯有清心才是福。

一位哲人曾说过：智者知道一切快乐和痛苦都决定于“心”，因此他们会从“心”中求得快乐，因为他们明了我们自身就是快乐的原因，他们不依赖外界。如果我们有这种体悟，不管碰到的问题是来自有情众生或无情世界，我们都不会受到伤害。

事情原来如此简单，“求人莫如求心”。当我们面对人生的困惑或痛苦时，“心”会告诉我们一切，教导我们一切。

问题是，“心”既然是一切快乐和痛苦的原因，如果能让我们尽量感受快乐，尽可能化解痛苦，应该拥有一颗什么样的“心”呢？才能、美貌、爱情、名望、财富、权力……如果我们得不到它们或者得而复失的时候，我们又该用什么样的“心”去应对呢？生活的经验告诉我们，“求心”必先“清心”，没有一颗平常的心，清静的心，我们就无法从容地面对周围的一切。

现代社会竞争日趋激烈，生活节奏不断加快，人们无时无刻不感觉到巨大的压力。重压之下，难免心理失衡；另一方面，五颜六色的诱惑，又很容易使人内心躁动，坐卧不宁。久而久之，失落感、挫折感、抱怨、憎恨、嫉妒就将汇成一股狂潮，冲进我们原本宁静的精神家园，把我们的心卷进浑浊的欲海里。

在欲海里挣扎的我们都能感觉到灯红酒绿、歌舞升平的背后，是虚伪的奉迎、赤裸裸的交易、人情的冷漠。喧嚣之后，留下的常常是无奈的冷清和失落。我们在诅咒，可不知到底该诅咒谁，我们要发泄，又不知该怎样发泄。

“志正则众邪不生，心静则众事不躁”。道家讲：“无为自化，清静自在”。面对滚滚红尘、人欲横流，与其焦躁烦恼、患得患失，倒不如让自己的心静下来，慢慢地，我们会发现，心灵的清静是一剂功效奇特的良药，它除了将我们从欲海中解脱出来，还能沉淀出我们生活中的浮躁、虚荣、鄙俗等人性的杂质。清心是一种气质，一种境界，一种完满内涵的幽远。唯有清静心灵，才能不眼热权贵，不妒忌钱财，不梦想声势鹊起、豪宅美女。因为眼热、妒忌、梦想有时只能是一厢情愿，除了加重我们生命的负荷，折磨我们的心灵之外，对我们的身心健康毫无益处。

唯有清静的心灵，才能在高朋满座、门庭若市时不眩晕；在曲终人散、独对残月时不孤独；才能不为宦海沉浮而耿耿于怀，不因没有了往昔的鲜花掌声、灯红酒绿而落落寡欢，心平气和地做自己想做的事、该做的事。

唯有清静的心灵，才能做好学问；不会为了名利而趋炎附势，出卖良知，也不会以语不惊人死不休来博取虚名。

10. 茶可以清心

人生如茶，清心有成。

“茶可以清心”，这五个字是在朋友处一只茶杯的杯盖上见到的。那杯很小，小得称得上玲珑，杯体上点缀着淡淡的几枝疏梅。而杯盖更为精致，以行书写的这五个字，遒劲处又见飞逸之姿，并且有款有识，布局有大家风范，俨然是一幅微型的书法精品，很遗憾的是没有仔细记住它的款识。

朋友对我说“茶可以清心”这五个字以适当的句读读之，可以变为五句语意侧重不同的话，仔细品味，果真如此。这也是我没记住其款识的一个因素。

“茶可以清心”，确是如此。茶饮三道，一道茶清新而味涩；二道茶苦中藏甘，更让人回味，很多人喜欢饮二道茶；三道茶涩味淡，苦味轻，甘味也只余一缕了。总之，涩、苦、甘三味俱全，只有深品，才能领悟，体会得到其中的滋味。

人生的旅程也如饮茶一样，稚子儿时无忧无虑，充满朝气和希望的青年及初恋、事业初期的小挫，给人一种清新而青涩的感觉；一入中年，有家庭琐事，事业上忙碌、不如意之苦楚，但也有家庭温馨、与妻儿小憩共同游乐与事业略有小成的甜蜜、成就之感。苦中有甜，甜中有苦。而到暮年，总是喜欢回忆，那时，的确涩味、苦味、甘味俱有了。

“茶可以清心”，这样说来，竟有些哲学的意味了。当然，茶之三味与人生过程一样，也有相互交错的时候。所以，无论是人生，还是饮茶，任何滋味都要仔细品尝才能领悟体会。相信，当你再次读到“茶可以清心”这五个字的时候，多少总是有些感触的。

11. 清心首先让心安静

目光时常能观照内心的人，才能找到内心的平静，让思考更深入。

当我们受困于某个问题，还未有清晰的解决方案时，聪明的办法是让心境平和下来，就像一滩混浊的水，慢慢地让它得到沉淀。

心平静下来，好的想法就会浮现，这就是所谓："水清鱼自现"的道理。身处在高压之下，我们心灵所达到的实际领域很容易被限制。透过静坐、祷告，让我们适时的把压力放下，内心得到平静，可以有效地向这一领域做更深广的延伸，关照更大的层面。

为什么静坐、祷告会带给人如此大的力量呢？当我们集中心力静坐或祷告时，我们的压力自然就降低，我们潜在领域里的许多思路与念头，就会有机会取得我们的注意，而让我们有灵光一现或恍然大悟的体会。

日本一位仰慕宫本武藏的剑客，想要拜师。他向宫本武藏问道："以学生的资质，需要多少时间才能学成？"宫本武藏回答："十年。"徒弟又问："如果加倍练习，日以继夜的练习，又要多久时间？"宫本武藏再次回答："二十年。"徒弟不解地再问："为什么我加倍练习，花的时间却是更长？"宫本武藏答："一流的剑客，必须有两只明亮的眼睛，一只眼睛用来看外在，另一只眼睛则用来看自己。如果你日以继夜练剑，哪有时间看自己呢？"

和那位剑客一样，许多人往往只看到外面，而没有真正向内观看自己，忽略了自己内心那一片有待开发的沃土。一个真正成功的人，应该有两只敏锐的“眼睛”（注意力），一只观照自己内心世界的习惯领域，一只观看外在世界的习惯领域。一个只注意外在世界而不注意自我内在世界的人，常会随波逐流，不能珍惜自己的无价之宝，不能开发自己的无限潜能。

因此，我们每天应该至少抽二十到三十分钟的时间，让自己的心平静下来，让压力归零，好好享受宁静的时刻。让我们的思考更深入，对事情有更全面的看法，以开拓更宽阔的人生。

12. 进化VS退化的人生

人生中的你是否陷于营营役役？何妨停下脚步，抬起头来看看眼前的方向。

人类是由两栖进化为爬虫，再进化为哺乳类动物的。

交通工具则是由双脚进化为自行车，再进化为汽车的。

人爬得愈高，车子也愈大。长久以来，大家都是如此在社会中“进化”。

升大学时，我告别了“自行车族”，靠家教的收入成为“铁骑族”。当我的摩托车超越同学的单车、呼啸而过时，心中确实隐隐有种优越感。

踏入社会后，卖命工作了一段时间，我很快地进化为“汽车族”。每遇红灯，车子停在路口时，看着旁边日晒雨淋的铁骑士，我真的怀着三分悲悯、七分骄傲的心。

不久前，我到簸里岛旅行，这种“进化论”终于遭遇“当头棒喝”。

旅途中的一天，很不幸地，我的眼镜柄无故断了，于是只好沮丧地中断行程，叫的士折返酒店。在的士内我顺便向司机打听了一下哪里可修理眼镜。

司机回答说，附近都没有眼镜店，只有到首府淡巴沙才能修理。

我不禁叹道：“你们这里真不方便。”

司机则笑着说：“这里的人很少近视，倒不会感到不方便呢！”

听这司机谈吐不俗，我决定包他一天车，到淡巴沙市区观光，顺道修理眼镜。

他犹豫了几分钟，才说："那我明早八点到酒店接你。"

第二天，我在淡巴沙逛了一上午，发觉此处没啥可观，于是便想打道回府，下午就在旅馆游泳、休息。但是当想到司机为接我这单生意时，必然推掉原有计划甚至其他生意时，就难以启齿了。在内心挣扎了良久，我终于结结巴巴地说："对不起，司机先生，我想改成只包半天，不知会不会对你造成困扰？"

没想到司机竟喜出望外地说："一点都不会。昨天，你要包一整天车，我还很犹豫呢！如果不是因为跟你谈得来，我是不会接受包整天车的。"

不是吧？世上竟有这样的事？我禁不住困惑地问："为什么？"

他答："我设定一个工作目标，每天只要做到150元，我就收工，所以你用300元包一整天，我就没有自己的时间了。"

"你可以储钱，隔天休息的呀？"

他笑着说："先是做一整天再休息，然后就变成做一个月、做一整年再休息，最后是做一辈子终生不得休息。"

我问："那你们闲着干吗呢？时间那么多，不会无聊吗？"

他看着我，像遇到外星人一样，说："这里那么好玩，怎么无聊？簑里岛的每家人都养斗鸡，收工后，我们就斗斗鸡、放放风筝，或到沙滩打打排球、游游泳呀！"

回到酒店后，的士司机的话就像禅宗语录，不断在我的脑海盘旋。突然我觉得，如果这辈子再继续"进化"下去，可以想像到房子会愈换愈大，大到无力打扫时再请佣人；为了供楼与佣人，只好拼命工作，最后做到有家归不得。到那时候，要那么大的房子又有何意义？

以后再开车时，我也会想：以车代步，四体不勤，弄得身型日渐臃肿，只好买个脚踏车或踏步机放在卧室踩。但每每因为忙，因为懒，难以持之以恒；既然如此，何不干脆骑单车上班或爬楼梯踏步呢？

这趟篑里岛之行让我豁然开朗，原来人的步调一放慢，视野会更广、更宽，也更清楚。人生过程中你是否也陷于营营役役呢？那么何妨停下脚步、抬起头来看看眼前方向对否？这是否是你追求的人生？

13. 寡欲才能清心

过多的欲望往往蒙蔽了我们的心，让我们短视。

欲望是思想的热病，它使我们衰弱，不能使我们坚强。

有位出租车司机将一包垃圾放在后车座上，忘了拿去丢。

后来这部出租车载了一位女士，女士一上车，发现那包东西，她心想："一定是前面那位乘客留下来的。"她随手摸了一下，满满鼓鼓的，于是就乘司机专心开车之际，偷偷将那包东西塞进她随身带的包中。

真不知当她发现那包东西竟是垃圾时，感觉会如何！

在生活里，我们不也常常随手取走一些自认为很珍贵的东西？其实，那也只不过是一些垃圾罢了。

中国北方用驴拉磨，怕它懒惰不肯用力，就先把驴眼蒙起来，让它看不见，再将花生酱抹在驴鼻子上，驴子闻到香味，以为前面一定有好吃的食物，就会拼命的往前冲。

有一只狐狸想溜进一座葡萄园中大吃一顿，但是栅栏的空隙太小，它过不去，在狠狠地节食了三天之后，它总算可以潜进去了。但是当它痛痛快快的吃完之后，却又钻不出来，只好又在里面饿了三天，才出来。这只狐狸感慨地说："忙来忙去，还是一场空。"

虽然这些故事大家可能都耳熟能详，但是我们是否能够看破当中的意义？大家最近在忙什么？是否有着一种无奈和苦闷？不要让自己忙来忙去，到头来还是空忙一场，古语有云："万里长城今犹在，不见当年秦始皇。"转眼数十年过去了，我们做过些什么呢？是不是被眼前的欲望遮住了眼，而迷失了前进的方向？

14. 心安草

过多的期望，过多的欲念，会扰乱平和自然的。

有一则寓言说：有一天，一个国王独自到花园里散步，使他万分诧异的是，花园里所有的花草树木都枯萎了，园中一片荒凉。后来国王了解到，橡树由于没有松树那么高大挺拔，轻生厌世死了；松树又因自己不能像葡萄那样结许多果子，也死了；葡萄哀叹自己终日匍匐在架上，不能直立，不能像桃树那样开出美丽可爱的花朵，于是也死了；牵牛花也病倒了，因为它叹息自己没有紫丁香那样芬芳；其余的植物也都垂头丧气，没精打采，只有一株细心的心安草在茂盛地生长。

国王问道："小小的心安草啊，别的植物全都枯萎了，为什么你这小草却这么勇敢乐观，毫不沮丧呢？"

小草回答说："国王啊，我一点也不灰心失望，因为我知道，如果国王您想要一棵橡树，或者一棵松树、一串葡萄、一株牵牛花、一棵紫丁香等等，您就会叫园丁把它们种上，而我知道您希望我就是我，就是做小小的心安草。"

这是一个让人感动的寓言，不过我们现在不妨继续这个寓言。假设国王听了心安草的话也深深地被感动，然后说："你们过去是花园里最不显眼的，那么现在我要让你们成为最显眼的。不，我现在不再让园丁种植其他的花草树木了，而只让他们来伺候你们，给你们最充足的水分和养料，给你们最好的照顾。"

于是，花园里就只剩下心安草在茂盛地生长，花园里的风景一天天变得单调了。但这都没有什么，奇怪的是，尽管这样，心安草却开始变得不安心，因为它们对自己的期望越来越高，它们要求有更好的照顾和营养。它们以为只要通过精心的培养，它们最终就能同时拥有松树的挺拔、葡萄的多实、桃花的美丽和紫丁香的芬芳。可是由于达不到这样，它们就变得越来越苦恼，抱怨也越来越多，形容也就越来越憔悴了。

最不妙的是，它们甚至开始变得越来越容不下其他的花草，偶尔有风或者鸟带来其他花草的种子，它们就中伤和排挤这些与它们不同的花草，说这些花草不美，央求园丁把这些花草除去，甚至它们自己内部也互相妒忌，互相排挤。

于是，当国王又一次来到花园的时候，他看到的只是一片荒芜。当然，这只是一个假设。如果我们喜欢的心安草不再安心，它也就不叫心安草了。

第八味：宽心

学会选择，懂得放弃

01. 豁达人生

幸福的人只记得一生中满足之处，不幸的人只记得相反的内容。

三伏天,禅院的草地枯黄了一大片。

“快撒点草种子吧！好难看哪！”小和尚说。

“等天凉,”师父挥挥手:“随时！”

中秋,师父买了一包草籽,叫小和尚去播种。

秋风起,草籽边撒、边飘。

“不好了！好多种子都被吹飞了。”小和尚喊。

“没关系,吹走的多半是空的,撒下去也发不了芽。”师父说:“随性！”

撒完种子,跟着飞来几只小鸟啄食。

“要命了！种子都被鸟吃了！”小和尚急得跳脚。

“没关系！种子多,吃不完！”师父说:“随遇！”

半夜一阵骤雨,小和尚早晨冲进禅房:“师父！这下真完了！好多草籽被雨冲走了！”

“冲到哪儿,就在哪儿发！”师父说:“随缘！”

一个星期过去了,原本光秃的地面,居然长出许多青翠的草苗。一些原来没播种的角落,也泛出了绿意。

小和尚高兴得直拍手。

师父点头:“随喜！”

随不是跟随,是顺其自然,不怨怼、不躁进、不过度、不强求。

随不是随便,是把握机缘,不悲观、不刻板、不慌乱、不忘形。

不要幻想生活总是那么圆圆满满，也不要幻想在生活的四季中享受所有的春天，每个人的一生都注定要跋涉沟沟坎坎，品尝苦涩与无奈，经历挫折与失意。

在漫漫旅途中，失意并不可怕，受挫也无需忧伤。只要心中的信念没有萎缩，只要自己的季节没有严冬，即使风凄霜冷，即使大雪纷飞。艰难险阻是人生对你另一种形式的馈赠，坑坑洼洼也是对你意志的磨砺和考验。落英在晚春凋零，来年又灿烂一片；黄叶在秋风中飘落，春天又焕发出勃勃生机。这何尝不是一种达观，一种洒脱，一份人生的成熟，一份人情的练达。

这种洒脱人生，不是玩世不恭，更不是自暴自弃，洒脱是一种思想上的轻装，洒脱是一种目光的超前。有洒脱才不会终日郁郁寡欢，有洒脱才不觉得人生活得太累。

懂得了这一点，我们才不至于对生活求全责备，才不会在受挫之后彷徨失意。

懂得了这一点，我们才能挺起刚劲的脊梁，披着温柔的阳光，找到充满希望的起点。

一个人的性格，往往在大胆中蕴涵了鲁莽，在谨慎中伴随着犹豫，在聪明中体现了狡猾，在固执中折映出坚强，羞怯会成为一种美好的温柔，暴躁会表现一种力量与激情，但无论如何，豁达，对于任何人，都会赋予他们一种完美的色彩。

一般认为，豁达是一种人生的态度，但从更深的层次看，豁达却是一种待人处事的思维方式。

豁达＝承认事实

有一个人，他的性情算不上非常开朗奔放，但他对待事情几乎从不见有焦躁紧张的时候，这并不是他好运亨通。细细观察体会，会发现他有一些与众不同的反应方式：比如，他被小偷扒走了钱包，发现后叹息一声，转身便会问起刚才丢失的身份证、工作证、月票的补办手续。一次，他去参加电视台的知识大赛，闯过预赛、初赛，进入复赛，正洋洋得意，不料，却收到了复赛被淘汰的通知书，他当时发了几句牢骚，到了中午，却又兴致勃勃拜师学起桥牌来。这些，反映出他的一种很本能、很根本的思维方式，那就是承认事实。

事实一旦来临，不管它多么有悖于心愿，但这毕竟是事实。大部分人的心理会在此时产生波动抗拒，但豁达者，他的兴奋点会迅速地绕过这种无益的心理冲突区域，马上转到下边该做什么的思路上去。事后，人们也的确会发现，发生的不可再改变，不如做些弥补的事情后立刻转向，而不让这些事在情绪的波纹中扩大它的阴影。这堪称一种最大的心理力量。

豁达 = 趋乐避害

豁达的人，每每是乐观的人。而所谓乐观，按照某位哲人的说法，就是乐观的人与悲观的人相比，仅仅是因为后者选择了悲观。

豁达的人在遇到困境时，除了会本能地承认事实，摆脱自我纠缠之外，他还有一种趋乐避害的思维习惯。这种趋乐避害，不是为了功利，而是为了保持情绪与心境的明亮与稳定。这也恰似哲人所言："所谓幸福的人，是只记得自己一生中满足之处的人；而所谓不幸的人，是只记得与此相反的内容的人。"每个人的满足与不满足，并没有太多的区别，幸福与不幸福相差的程度，却会相当巨大。

豁达 = 自嘲自解

观察分析一个心胸豁达的人，你往往会发现，他的思维习惯中有一种自嘲的倾向。这种倾向，有时会显于外表，表现为以幽默的方式摆脱困境。自嘲是一种重要的思维方式。每个人都有许多无法避免的缺陷，这是一种必然。不够豁达的人，往往拒绝承认这种必然。为了满足这种心理，他们总是紧张地抵御着任何会使这些缺陷暴露出来的外来冲击，久而久之，心理便越来越脆弱。一个拥有自嘲能力的人，却可以免于此患。他能主动察觉自己的弱点，他没有必要去尽力掩饰。从根本上来说，一个尴尬的局面之所以形成，只是因为它使你感到尴尬。要摆脱尴尬，走出困境，正面的回避需要极大的努力，但自嘲却为豁达者提供了一条逃遁出去的轻而易举的途径——那些包围我的，本来就不是我的敌人。于是，尴尬或困境，就在概念上被取消了。

豁达＝游戏精神

豁达也有程度的区别，有些人对容忍范围之内的事，会很豁达，而一旦超出某种极限，他就会突然改变，表现出完全相异的两种反应方式。最豁达的人，则具有一种游戏精神，将容忍限度扩大。有这样一个故事：一个身经百战、出生入死、从未有畏惧之心的老将军，解甲归田后，以收藏古董为乐。一天，他在把玩最心爱的一件古瓶时，不小心差点脱手，吓出一身冷汗，他突然若有所悟："为什么当年我出生入死，从无畏惧，现在怎么会吓出一身冷汗？"片刻后，他悟通了——因为我迷恋它，才会有忧患得失之心，破了这种迷恋，就没有东西能伤害我了，遂将古瓶掷碎于地。

豁达者的游戏精神，即是如此。他把一切视为一种游戏，尽管他同样会满怀热情，尽心尽力地去投入，但他真正欣赏的，只是做这件事的过程，而不是目的——游戏的乐趣在于过程之中。那么，他也就解脱了得失之心的困扰。

02. 放弃是一种美

有的时候，放弃是一种大智慧。

火车上，一个老人不小心掉了一只新鞋，他毫不犹豫地把另一只鞋也从窗口扔了出去。乘客很不理解。老人解释说，那双鞋不论多么昂贵，对他而言，都已经失去作用了，而捡到这双鞋的人就不同了。所以与其留一只对自己无用的鞋，倒不如选择放弃，或许会成就另一个人呢？

从老人身上，我看到了睿智，也深刻体会到了放弃的底蕴。

凡事都有两面性，欢乐与悲伤，拥有与失去，看似互相对立，互相矛盾，实则互相关联，只在心念一动之间便翻天覆地，沧海桑田。

蒲公英放弃了母亲温暖的怀抱，插上翅膀，去寻找属于自己的天堂。

昙花放弃了短暂的生命，惊鸿一现，也要把自己最美丽的一瞬留给黑夜和世人。

物犹如此，人何以堪？

懂得放弃的人是理智的，如范蠡就懂得“飞鸟尽，良弓藏；狡兔死，走狗烹。”

懂得放弃的人是明智的，如鲁迅就放弃了留学多年的医学，转而从文，用手中的笔为旧中国的顽疾治疗。

我一度认为放弃是一种对现实的背叛，亦或是麻木或消极的生活态度。可是当我读了那个老人的故事以后，我才懂得，放弃一份牵强和过多的奢望，就会得到另一种世界。

其实放弃，并不是无所作为，恰恰相反，只有适当的放弃，才能有所作为。

放弃也是一种美，当我们懂得放弃什么时，才能真正领悟到一些人生哲理。

03. 旧鞋的故事

人们常常会陷于幽暗的人生胡同不知自拔。

有个生活比较潦倒的销售员，每天都埋怨自己“怀才不遇”，“命运在捉弄他。”

圣诞节前夕，家家户户张灯结彩，充满过节的热闹气氛。他坐在公园里的一张椅子上，开始回顾往事。去年的今天，他是孤单一人，以醉酒度过他的圣诞节，没有新衣，也没有新鞋子，更甭谈新车子、新房子。

“唉！今年我又要穿着这双旧鞋子度过圣诞了！”说着准备脱掉这旧鞋子。这个时候，他突然看见一个年轻人自己滑着轮椅从他身边走过，他顿悟到：

“我有鞋子穿是多么幸福！他连穿鞋子的机会都没有啊！”

之后，推销员每做任何一件事都心平气和，珍惜机会，发愤图强，力争上游。数年以后，生活在他面前终于彻底改变了，他成了一名百万富翁。

环顾四周，我们会发觉社会上有许多天生残缺的人。他们对生活充满信心，从不埋怨上天对他们不公平或乞求他人救济，反而自立自强，脱颖而出，成为有用之才。面对他们，我们有时会觉得很惭愧。我们生来五官端正，手脚不缺，却厌倦生活，厌倦人生，抱怨同事，不满意自己的工作……不知不觉陷入这幽暗的胡同。

也许我们每个人对陷入这种幽暗的人生胡同都感到可怕，但是更可怕的还是，当你陷入了这种危险的境地而你却浑然不知。

04. 感悟宽心

宽宏大量益长寿。

心贵在宽容。人生若要得到快乐，就要宽容。日常我们遇到的种种烦恼，多是不善于宽容而造成的。比如只恕己而不恕人，一味损人，一味贬人，因而便形成无处不是荆天棘地，无时不是阴云淫雨的境况。如果宽以待人，则会无处不是光风霁月的美景。

宽心贵在恬静。人生追求绝对的完美是不现实的，理想主义的完美是不存在的。所以，应当随遇而安，学会恬淡、安谧。正如诸葛亮《戒子书》说："非淡泊无以明志，非宁静无以致远。"

宽心贵在善待金钱。许多事实告诉我们，金钱买不来快乐。虽然财富可以带给人幸福感，但并不等于金钱越多越快乐。如果把金钱奉为神明，它就会像魔鬼一样降祸于你。有句古语云："知足者贫穷亦乐，不知足者富贵亦忧。"这话有一定的哲理。须知清贫也是一种境界，它能使人们在世事的纷争中达到至清至淳。作家郑逸梅说："不与富交，我不贫；不与贵交，我不贱。自感不贫不贱，就能常处乐境，于身心有益。"

宽心会带来长寿。百岁寿星马寅初说："心理健康人长寿。"西安事变的策动者，寿星张学良说："宽宏大量益长寿。"著名雕塑家韩美林说："心态不老就永远不老……没有过夜愁，过夜气，就没有过夜病。"

05. 宽心不要多心

心如磁石，有什么样的心，就会对什么有吸引力。

有时候，你难免多心。心眼一多，对许多小事就容易过敏。

于是，别人多看你一眼，你便觉得他对你有敌意；别人少看你一眼，你又认定是他故意冷落你。

多心的人注定活得辛苦，因为他的情绪太容易被别人的情绪所左右。

多心的人总东想西想，胡思乱想，结果很容易困在一团思绪的乱麻中，动弹不得。

有时候，与其多心，不如少根筋。

你是一块磁铁，相不相信？其实你是一块磁铁。

当你身心愉悦、喜欢自己、对这个世界充满善意时，美好的东西就自然地被你所吸引。

相反的，当你悲观、郁闷、觉得什么都不对劲时，负面的一切也就相继来报到了。

因为你是一块磁铁，吸引的是你相信的东西，所以快乐的你就吸引让你快乐的人事境，烦忧的你则吸引让你烦忧的人事境。

幸运与厄运，在于你如何使用内在的磁力。这是信念的奥秘。

你今天心情好吗？

你不说话，但眼底的神色已回答了一切。

那么，就别让自己继续躲在心事重重的甲壳里吧。"烦恼"这种烦人的东西是想出来的啊，若是不想就不存在，你没听过这句话吗?

去喝一杯咖啡,买一件衣服,剪一种新发型。

去吃一筒冰淇淋,走一条街,看一场电影。

去看一个老朋友,聊一回往事,数一晚星星。

让自己好过的方法很多,而且善待自己是道德的。除非,你坚持躲在潮湿的甲壳里更快乐。

06. 人心的弱点

与人交往过程中，认清人性的弱点，不要做无谓的消耗。

海边人抓螃蟹，有一项流传已久的独特智能，值得我们来学习。当他们抓到螃蟹时，会把螃蟹丢到一个特殊的竹篓中。这种竹篓的造型相当奇特，有点儿像酒瓶，开口处窄窄的，只能容一只手伸进去；肚子却宽大得很，可以装很多的螃蟹。海边的小朋友把螃蟹丢进竹篓时，有着特殊的技巧。若是竹篓中只有一只螃蟹的话，他们会将竹篓的出口紧紧地盖住，以防抓到的螃蟹逃脱。但如果竹篓中有了两只以上的螃蟹时，他们就不需盖上竹篓的出口，而螃蟹也逃不出来。其中的缘由何在呢？

当竹篓中只有一只螃蟹时，这只螃蟹会顺着竹篓粗糙的内壁，爬到出口脱逃，所以要将竹篓的出口封住，以防其逃脱。而如果竹篓中有了两只以上的螃蟹时，螃蟹一样会沿着竹篓内壁，往出口处拼命爬，想要脱逃。但往往当一只螃蟹快要爬到出口时，另一只螃蟹也赶着要逃出去，这时后来的这只螃蟹会死命地将前一只往下拖，以利自己逃生。就这样，一只螃蟹想逃，其他的螃蟹会把它拉下来，到最后根本没有任何螃蟹可以逃得出去，所以抓螃蟹的人也就无需盖上竹篓的出口，以防螃蟹逃走。

在我们遇到挫折时，有时候也会出现这般的情形。

分析我们挫折的缘由，若是来自别人的恶意批评或中伤，就像是竹篓中的螃蟹，不想让同类超越自己一般，那么对于这一类的障碍，我们毋须在其中消耗自己太多的心灵能量。正如同没有人会在马路上去踢一条死狗；也没有顽童会用石头去砸一棵不结果子的大树。有人想拉扯你，造成你的挫折感，不是因为你不够好，反倒是因为你一直在成长，才会招致停留原地的那些人的眼红。

希望我们都能记得竹篓中的螃蟹，每天能努力地超越自我、不断向上攀升。

年龄渐渐增长之后才会觉得，挫折是上天给的一份礼物。因为有了这些礼物，我们才得以成长，才得以了解清楚一些事。但愿每一个挫折都是你们珍贵的礼物。

07. 不完美中的完美

人生永远处于一种缺憾的状态，必须保持一颗宽容的心。

刘墉先生说道：我有一个朋友，单身半辈子，快五十岁了，突然结了婚，新娘跟他的年龄差不多，徐娘半老，风韵犹存。知道的朋友都窃窃私语："那女人以前是个演员，嫁了两任丈夫都离了婚；现在不红了，由他捡了个剩货。"话不知道是不是传到了他耳里。

有一天，他跟我出去，一边开车，一边笑道："我这个人，年轻的时候就盼着开奔驰车，没钱买不起，现在呀！还是买不起，买辆二手车。"他开的确实是辆老车，我左右看着说："二手？看来很好哇！马力也足。"

"是啊！"他大笑了起来，"旧车有什么不好？就好像我太太，前面嫁个四川人，又嫁个上海人，还在演艺圈二十多年，大大小小的场面见多了。现在，老了，收了心，没了以前的娇气、浮华气，却做得一手四川菜、上海菜，又懂得布置家。讲句实在话，她真正最完美的时候，反而都被我遇上了。"

"你说得真有理，"我说："别人不说，我真看不出来，她竟然是当年的那位艳星。"

"是啊！"他拍着方向盘。

"其实想想自己，我又完美吗？我还不是千疮百孔，有过许多往事，许多荒唐，正因为我们都走过了这些，所以两个人都成熟，都知道让，都知道忍，这不完美？正是一种完美啊！……"

"不完美"正是一种完美！

我们老了，都锈了，都千疮百孔了，总隔一阵子就去看医生，来修补我们残破的身躯，我们又何必要求自己拥有的人、事、物，都完美无瑕，没有缺点呢？

看得惯残破，也是历练，是豁达、是成熟、是一种人生的境界啊！

08. 不留痕迹的心

做个心胸宽大的人，内心的伤痕就会越少。

有一天，小华气嘟嘟地从学校跑回来。

爸爸看他一脸不高兴，便问他："你怎么了？"

"怎么了？小明说话气我呀！我快要受不了了。"

"他说你怎样？"

"他说我个子矮呀！"小华很气愤地说："虽然我个子很矮，可是我心胸很大呀！"

"你的心胸很大，是吗？"

爸爸问完话以后，一声不响地拿着一个脸盆，带小华到大海边去。

爸爸先在脸盆里装满一盆水，然后往脸盆里丢了一颗石头，只见脸盆里的水溅出来一些；接着，他又把一颗更大的石头丢到大海里，只见大海里起了一个小小涟漪后，又恢复平静，一点水也没有溅出来。

"你的心胸很大，是吗？可是，为什么人家只是在你的心里丢下一小块石头，你就像脸盆里的水一样，溅出来了？"

风来了，竹子的枝干被风吹弯；风走了，竹子又站得直直的，好像风没来过一样。

云来了，在潭底留下一道影子；云走了，潭底又干干净净的，好像云没来过一样。

竹子不会因为被风吹过，就永远直不起腰来；清澈的潭水，也不会因为云飘过，就永远留住云的影子。

同样的，心胸宽大的人，不会因为别人两句不礼貌的话，就刮起永远的狂风巨浪；也不会因为别人不礼貌的行为，就在心底刻下无法磨灭的伤痕。

像清澈的潭水一样，云过了，不留痕迹。

像坚韧的竹子一样，风过了，不留痕迹。

09. 每个人都少了一样东西

每个生命都有欠缺,不要做无谓的比较。

在一个讲究包装的社会里,我们常常禁不住羡慕别人光鲜华丽的外表,而对自己的欠缺耿耿于怀。

其实没有一个人的生命是完整无缺的,每个人都少了一样东西。

有人夫妻恩爱、月收入数十万,却有严重的不孕症;

有人才貌双全、能干多金,情字路上却是坎坷难行;

有人家财万贯,却是子孙不孝;

有人看似好命,却是一辈子脑袋空空。

每个人的生命,都被上苍划上了一道缺口,你不想要它,它却如影随形。

你要宽心接受,体会到生命中的缺口,仿若我们背上的一根刺,时时提醒我们要谦卑,要懂得怜恤。

若没有苦难,我们会骄傲,没有沧桑,我们无以去安慰不幸的人。

人生不要太圆满,有个缺口让福气流向别人是件很美的事,你不需拥有全部的东西,若你样样俱全,别人吃什么呢?

体会到每个生命都有欠缺的道理,我们就不仅不会再去与人作无谓的比较,反而更能珍惜自己所拥有的一切。

有位著名企业家说:"这辈子结交的达官显贵不知凡几,他们的外表实在都令人羡慕,但深究其里,每个人都有一本难念的经,甚至苦不堪言。"

所以，不要再去羡慕别人如何如何，好好数算上天给你的恩典，你会发现你所拥有的绝对比没有的要多出许多，而缺失的那一部分，虽不可爱，却也是你生命的一部分，接受它且善待它，你的人生会快乐豁达许多。

如果你是一个蚌，你愿意受尽一生痛苦去凝结一粒珍珠，还是不要珍珠，宁愿舒舒服服的活着？

如果你是一只老鼠，突然发觉自己已被关进捕鼠笼，而你前面有一块香喷喷的蛋糕，这时，你究竟是吃还是不吃呢？

过去的扑满都是陶器，一旦存满了钱，就要被人敲碎。

如果有这么一只扑满，一直没有钱投进来，一直瓦全到今天，成了最贵重的古董，你愿意做哪一种扑满？

你每想到一次，就记下自己的答案，直到有一天你的答案不再变动，那你就成熟了！

10. 一切都是最好的安排

生命中每个挫折都是有意义的，需要你有一个开阔的心怀。

从前有一个国家，地不大，人不多，但是人民过着悠闲快乐的生活，因为他们有一位不喜欢做事的国王和一位不喜欢做官的宰相。

国王没有什么不良嗜好，除了打猎以外，最喜欢与宰相微服私访民隐。宰相除了处理国务以外，就是陪着国王下乡巡视，如果是一个人的话，他最喜欢研究宇宙人生的真理，他最常挂在嘴边的一句话就是“一切都是最好的安排”。

有一次，国王兴高采烈地到大草原打猎，随从们带着数十条猎犬，声势浩荡。国王的身体保养得非常好，身骨结实，而且肌肤泛光，看起来就有一国之君的气派。随从看见国王骑在马上，威风凛凛地追逐一头花豹，都不禁赞叹国王勇武过人！花豹奋力逃命，国王紧追不舍，一直追到花豹的速度减慢时，国王才从容不迫弯弓搭箭，瞄准花豹，“嗖”的一声，利箭如闪电，一眨眼就飞过草原，不偏不倚地钻入花豹的颈子，花豹惨嘶一声，扑倒在地。

国王很开心，他眼看花豹躺在地上许久都毫无动静，一时失去戒心，居然在随从尚未赶上时，就下马检视花豹。

谁想到，花豹就是在等待这一瞬间，它使出最后的力气突然跳起来向国王扑过来。国王一愣，看见花豹张开血盆大口咬来，他下意识地闪了一下，心想：“完了！”还好，随从及时赶上，立刻发箭射入花豹的咽喉，国王觉得小指一凉，花豹就不吭声地跌在地上，这次真的死了。

随从忐忑不安地走上来询问国王是否无恙，国王看看手，小指头被花豹咬掉小半截，血流不止，随行的御医立刻上前包扎。虽然伤势不算严重，但国王的兴致被破坏光了，本来国王还想找人来责骂一番，可是想想这次只怪自己冒失，还能怪谁？所以闷不吭声，大伙儿就黯然回宫去了。

回宫以后，国王越想越不痛快，就找了宰相来饮酒解愁。宰相知道了这事后，一边举酒敬国王，一边微笑说："大王啊！少了一小块肉总比少了一条命来得好吧！想开一点，一切都是最好的安排！"

国王一听，闷了半天的不快终于找到宣泄的机会。他凝视宰相说："嘿！你真是大胆！你真的认为一切都是最好的安排吗？"

宰相发觉国王十分愤怒，却毫不在意地说："大王，真的，如果我们能放大眼界，确确实实，一切都是最好的安排！"

国王说："如果寡人把你关进监狱，这也是最好的安排？"

宰相微笑说："如果是这样，我也深信这是最好的安排。"

国王说："如果寡人吩咐侍卫把你拖下去砍了，这也是最好的安排？"

宰相依然微笑，仿佛国王在说一件与他毫不相干的事："如果是这样，我也深信这是最好的安排。"

国王勃然大怒，大手用力一拍，两名侍卫立刻近前，他们听见国王说："你们马上把宰相抓出去斩了！"

侍卫愣住，一时不知如何反应。国王说："还不快点，等什么？"侍卫如梦初醒，上前架起宰相，就往门外走去。

国王忽然有点后悔，他大叫一声说："慢着，先抓去关起来！"

宰相回头对他一笑，说："这也是最好的安排！"

国王大手一挥，两名侍卫就架着宰相走出去了。

过了一个月，国王养好伤，打算像以前一样找宰相一块儿微服私巡，可是想到是自己亲口把他关入监狱的，一时也放不下身段释放宰相，叹了口气，就自己独自出游了。

走着走着，来到一处偏远的山林，忽然从山上冲下一队脸上涂着红黄油彩的蛮人，三两下就把他五花大绑，带回了高山上。

国王这时联想到今天正是满月，这一带有一支原始部落每逢月圆之日就会下山寻找祭祀满月女神的牺牲。

他哀叹一声，这下子真的是没救了。心里很想跟蛮人说：我乃这里的国王，放了我，我就赏赐你们金山银海！可是嘴巴被破布塞住，连话都说不出口。

当他看见自己被带到一口比人还高的大锅，柴火正熊熊燃烧时，更是脸色惨白。

大祭司现身，当众脱光国王的衣服，露出他细皮嫩肉的龙体，大祭司啧啧称奇，想不到现在还能找到这么完美无瑕的牺牲！

原来，今天要祭祀的满月女神，正是“完美”的象征，所以，祭祀的牲品丑一点、黑一点、矮一点都没有关系，就是不能残缺。

就在这时，大祭司终于发现国王的左手小指头少了小半截，他忍不住咬牙切齿咒骂了半天，忍痛下令说：“把这个废物赶走，另外再找一个！”

脱困的国王大喜若狂，飞奔回宫，立刻叫人释放宰相，在御花园设宴，为自己保住一命，也为宰相重获自由而庆祝。

国王一边向宰相敬酒说：“爱卿啊！你说的真是一点也不错，果然，一切都是最好的安排！如果不是被花豹咬一口，今天连命都没了。”

宰相回敬国王，微笑说：“贺喜大王对人生的体验又更上一层楼了。”

过了一会儿，国王忽然问宰相说：“寡人救回一命，固然是‘一切都是最好的安排’，可是你无缘无故在监狱里蹲了一个月，这又怎么说呢？”

宰相慢条斯理喝下一口酒，才说："大王！您将我关在监狱里，确实也是最好的安排啊！"

他饶富深意地看了国王一眼，举杯说："您想想看，如果我不是在监狱里，那么陪伴您微服私巡的人，不是我，还会有谁呢？等到蛮人发现国王不适合拿来祭祀满月女神时，那么，谁会被丢进大锅中烹煮呢？不是我，还会有谁呢？所以，我要为大王将我关进监狱而向您敬酒，您也救了我一命啊！"

国王忍不住哈哈大笑，朗声说："果然没错，一切都是最好的安排！"

许多时候我们因为一点小小的挫折便心灰意冷，更多的时候我们因为生活上一点小小的不如意就指天骂地，仿佛自己是全世界最不幸可怜的人，而生命中每个挫折与羞辱都有它的意义，振作起来勇往直前，你会惊见："果然没错，一切都是最好的安排！"

11. 拥抱好心情

调整态度，让自己有新的心境，抛开坏心情。

人在心情不好的时候会不自觉地把坏心情抱得更紧：关门不跟人说话，嘟着嘴生闷气，锁着眉头胡思乱想，结果心情更坏、更难过。所以，人要学习放下坏心情，拒绝让它折磨才行。

我们想拥有好心情，就得从原有的坏心情中开脱，从烦恼的死胡同中走出来。请注意，肯放下心情的包袱，好好检视清楚，看看哪些是事实，把它留下来，设法解决。哪些是垃圾，是给自己制造困扰的想法，要狠下心来，把它抛开，这就才能应付自如，获得好心情和清醒的头脑。因此，人人都应该学会放下、学会割舍。

谈到放下与割舍，在《星云禅话》中有一则故事，讲得很生动、很具启发性。这故事大略是，有一位旅行者，经过险峻的悬崖，一不小心掉落山谷，情急之下攀抓住崖壁下的树枝，上下不得，祈求佛陀慈悲营救。这时佛陀真的出现了，伸出手过来接他，并说："好！现在你把攀住树枝的手放下。"但是旅行者执迷不松手，他说："把手一放，势必掉到万丈深渊，粉身碎骨。"

旅行者这时反而抓得更紧，不肯放下。这样一个执迷不悟的人，佛陀也救不了他。坏心情就是抓住某个念头，死死握紧，不肯松手去寻找新的机会，发现新的思考空间，结果陷入了愁云惨雾中。

其实，人只要肯换个想法，调整一下态度，或者更换一下作息，就能让自己拥有新的心境。

有个女人习惯每天愁眉苦脸，小小的事情就能使她不安、紧张。孩子的成绩不好，会令她忧心一整天，先生几句无心的话会让她黯然神伤。她说:“几乎每一件事情,都会在我的心中盘踞很久,造成坏心情,影响生活和工作。”

有一天,她有个重要的会议,但是沮丧的心情却挥之不去,看看镜子里自己的脸庞,竟然无精打采。她打了电话问一个朋友,“该怎么做?我的心情沮丧,我的模样憔悴,没有精神,怎么应付重要的会议?”

朋友告诉她:“把令你沮丧的事放下,洗把脸,把无精打采的愁容洗掉,修饰一下仪容以增强自信,想着自己就是得意快乐的人。注意!装成高兴充满自信的样子,你的心情会好起来。很快地你就会谈笑风生,笑容可掬。”她照着去做了,当天晚上在电话中她告诉朋友:“我成功地参加了这次会议,争取到了新的计划和工作。我没想到强装信心,信心真的会来;装着好心情,坏心情自然消失。”

人要懂得改变情绪,才能改变思想和行为。思想改变,情绪会跟着改变。

这里有几则练习技巧:

经常培养好心情;认清坏心情的背后,一定有不少垃圾思想和消极情绪,要把它们扫地出门。

多读励志的书,它能教给我们许多改变情绪的好方法。

注意我们的仪容,挺直身子,抬起头来,衣着要端庄。萎靡不振的表情,是招惹霉运的根本原因。

学习在危机中保持冷静,在紧张时给自己松弛的机会,如运动、静坐、旅行等。

美国加州大学心理学家艾克曼曾做过一个实验,要受试者装出惊讶、厌恶、忧伤、愤怒、恐惧和快乐等表情,结果发现他们的身心跟着起了变化。当受试者装出害怕时,他们的心跳加速,皮肤温度降低等等,表现其他五种情绪时,也有不同的变化。

我们怎么装,心情就怎么改变。

12. 不受第二支箭的折磨

烦恼大多是自己找寻、增加的，使我们失去了光明与智慧。

佛陀对待弟子的态度，就如同老师对待学生一般，但佛陀教给弟子的东西，却不是数学或历史等课程，而是做人处世的方法。由此观之，我们将佛陀称为“做人的老师”是最适当的。

我们这一位做人的老师——佛陀，为了要考验弟子们理解佛理的程度，经常拿一些问题来教导弟子，有时候更是提出一些应用的题目，看弟子能体会多少，本题就是其中之一。

有一次，佛陀问弟子：“未曾受过佛理教化的人，会遭遇到快乐或者痛苦的感受，也会遭遇到非苦非乐的感受；受到过佛理熏陶的人，也同样会遇到这些感受。那么，听过佛理与未听过佛理的人，他们的差别何在呢？”

弟子们回答说：“我们所学的皆是以佛陀为主，但愿佛陀能够做我们的眼目，给予我们正确的启示。”佛陀告诉弟子们说：“未曾受过佛理教化的人，遇到痛苦的感受，就是万分的悲痛，越来越迷惑，愈来愈恐惧，就好像中了一支箭之后，又中了第二支箭，感觉越来越痛苦。但是，受过佛理熏习的人，若是遇到痛苦的事情，绝对不会只是悲痛，不会自己乱了手脚，所以我说：‘不受第二支箭的折磨。’”

对于遇到快乐的事情，佛陀也说了同样的话，看到很美丽的花，受过佛陀教化的人，也和一般人一样，心中升起快乐的感受，但是决不会因为快乐而迷失了自己，倘若在快乐中迷失自己，则第二支箭就会带来痛苦，所以佛陀说：“不受第二支箭的折磨”。

处在痛苦中的人，都应该好好想一想佛陀的这一番教化，好好学习佛陀处理痛苦的智能。譬如我们生病躺在床上，如果每日都埋怨自己为何会如此不幸得了这种病；担心喉咙如此痛苦，不知要如何吃饭；埋怨自己的负担为何如此沉重；回想自己一生都没做过什么恶事，为何让我如此难过；想到家中小孩无人照顾，不知该怎么办；想想自己的病不知能否康复……一直忧虑到白天吃不下饭、晚上睡不着觉，连做梦也是面带愁容，倘若如此，对自己有何好处呢？

我们生了病，肉体上的痛苦，就好像中了第一支箭，倘若我们再自寻烦恼，操心这个、埋怨那个，则第二支箭、第三支箭，乃至第四、第五支箭，就会不断的射过来，使我们更加痛苦，使我们的身心更加混乱，使我们失去了光明与智慧，无法解决任何问题。

13. 人生该愉快地度过

生命不是用来寻找答案，也不是用来解决问题的，它是用来愉快地过生活。

有这么一个故事。一个男人一年多以前与相恋多年的女友分手，在那段伤心的日子里，他看了一部不知名的电影，说有个人死后到天堂，那个地方有许多天使，还有许多像电视一样的机器，天使请他坐下来，然后这些机器就开始放映他的一生。

他就这么看着他的一生像电影一样放映着，但是他发现机器只要放映到他逃避一些事情时，画面就停格，于是一部部机器停格在他第一次惹爸妈生气却不敢道歉，他爱上一个女孩却不敢表达，他为人父亲时，不敢表达自己对孩子的关爱……

终于，他的一生放完了。

天使们一阵讨论之后告诉他：你在这一生中缺乏了爱与勇气，所以我们要请你重回人间，把爱与勇气学会之后，再回到这里来。画面一转，这个人又出生在人间，重新学习爱与勇气。

这部电影让他非常震撼，他明白了，原来如果他此生学不会原谅，那么他得来生再学；如果他此生学不会勇敢面对，那么他得来生再学。那为什么他不在这一生中就学好这两件事？

每个人的心就像座机场，如果你不让一些人走，那么就有一些人永远也进不来，如果你让自己的心长满了无名草，就像机场跑道没有保养，再好的飞机也会发生危险。

你要给自己的心建一座塔台，指引那些起飞和降落的飞机，无论起或落，他们都曾在你心中停留。

14. 10块钱卖两张名片

换个角度，你就是赢家，退一步海阔天空。

秘书恭敬地把名片交给董事长，一如预期，董事长不厌烦地把名片丢回去，很无奈地，秘书把名片退回给立在门外看尽尴尬的业务员，业务员不以为忤，再次把名片递给秘书，“没关系，我下次再来拜访，所以还是请董事长留下名片。”拗不过业务员的坚持，秘书硬着头皮，再进办公室，董事长火大了，将名片一撕两半，丢回给秘书。秘书不知所措地愣在当场，董事长更气，从口袋里拿出10块钱，“10块钱买他一张名片，够了吧！”岂知当秘书递还给业务员名片与钞票后，业务员很开心地高声说：“请你跟董事长说，10块钱可以买两张我的名片，我还欠他一张。”随即再掏出一张名片交给秘书。突然，办公室里传来一阵大笑，董事长走了出来，“这样的业务员不跟他谈生意，我还找谁谈？”

这是业务员每天都会碰到的场面，如果光是靠修养或到魔鬼营训练，超级业务员也有倒地不起的一天。能从别人设下的困局跳脱者，都有一个本事，那就是——逆向思考，当你不顺着设局者的逻辑思考时，你才能出自己的招，去破解对手的招数。说是阿Q也好，说是三八也好，却是自我完全的主宰者。

有一个在金融界工作的人，新进公司做基金研究员时，不知怎的，主管老是看他不顺眼，比如邀请大家下班后到他家吃火锅，总是不小心漏了他。朋友给自己打气的方式是，去“阿杜”吃港式高级火锅，“比他还享受！”主管要给他难堪，哪知他更得意！而主管分配给他的基金，老是冷门商品，很难有业绩上的表现，他也不气。

那人说:“还好他这样对我,否则我现在只能做研究分析。”主管的态度逼使他走出另一条路来，现在他在另一家公司的行销企划部如鱼得水:“很谢谢他的造就。”

人的胸襟有多大,成就就有多大,争一下不如争千秋,更何况你怎么知道,老天爷的布局不是要让你扛起更大的责任呢?忍一时之气,退一步海阔天空,反倒处处是出路,别把精神能量虚掷在不值得的人身上。

15. 打开心窗

打开门窗——无失无得

打开天窗——无上无下

打开心窗——无忧无虑

生而为人，就需要面对自然界的无穷变化，诸如山崩地裂、狂风暴雨、酷寒炙热……而生活在这个时代里，更需要接受人类为满足物欲需求，对生存环境进行破坏所带来的恶果，例如：各种剧烈病痛的产生、河水土壤的污染、动物植物的灭绝……这些现象时时处处都在影响着我们人类的生命及财产安全。

当灾难或困境来临时，我们是无法逃避的，也逃避不了。例如发生了大地震，有的人损失了生命、财产，有的人身体遭受极大的伤害，而活着的人的心灵，更是遭受了严重的创伤。他们经历了灾难的全过程，那时的情况，直是叫天天不应，叫地地不灵，其痛苦、无助的感觉，就像肉体活生生的被撕裂一样，大概只能以痛彻心扉来形容吧！

所以在以后的心理重建中，当事者除了需要接受心理专家的辅导外，更需自立自强，直面问题，寻找解决的方法。曾经有人说过："痛苦的人，没有悲观的权利。"既然连悲观的权利都没有了，那唯一最好的选择，就是以"乐观进取"的心态来面对一切事物。

事情既然发生了，任谁都无法改变现状，使其恢复原来的面貌，所以再多的哀怨与沮丧都于事无补。唯有放开郁闷的心胸，迈开脚步，一点一滴重整自己的生活环境，如此，生命必将丰盈，理想亦可实现，因为生命力的展现，乃是此时此刻的耕耘，而不是缅怀过去，或是寄望未来。

事实上，我们的心窗并未被关闭，而生命之光也依然明亮，我们只是被暂时的恐惧、害怕、担忧、无助、失落的情绪蒙蔽。就像一面明镜，表面沾满了灰尘一般，如将灰尘清除干净，则明镜依然光亮照人。

当面临困境或灾难时，我们如何消除内心诸多不安的情绪，并重新建立起自信心呢？

首先，我们应欣然接受事实，并承受内心的害怕及肉体的痛苦，不要刻意逃避它，因为那是做不到的。但我们可以发挥正向思想的作用，让这些忧虑的情绪消除于无形当中，因为恐惧的情绪，只是心理作用而已。反面的思想作用，产生不安全的感觉；正面的思想作用，产生希望的曙光。这些作用都由我们自己选择，因而每一个人都有能力完全控制自己的内心。

有一位英国著名的解剖学者，被一名学生问到："什么是医治恐惧的良方？"他的答案是："试着替别人服务。"这位学生听后感到很惊奇，要求他加以说明，他说："人的内心，不能同时存有两种心思，一种心思会把另外一种赶走，例如：你内心已充满无私助人的念头，你就不会同时产生害怕的心情。"

其次，我们要认清一件事实，那就是世界无时无刻不在变动着，没有任何一件事物，可保持长久不变。所以，我们无法永远抓住想拥有的东西，包括我们自己的身体在内。能够以此心态看待万世万物的幻化，则心胸必将豁然开朗，不再执著抓取。不思拥有，就不会担心失去，如此，恐惧、忧愁不安的情绪亦将远离，随风而逝。

第三，虽然我们面对困境，但绝对不可自我放弃，认为自己已没有能力或任何机会完成生活目标，这是对自己不负责任的想法。他人的协助是有限的，而自己的能力则是无穷的，所以要适时采取行动，把心力用在可实现的事情上，要去想自己可以做的事，去做该做而且能做的事，这样就能振作起来，鼓舞精神力，显现生机。活力是从工作中产生的，在工作中可以完成目标，看到自己努力的成果，感觉到自己生存的价值，从而使内心充满喜悦。

随时随地，我们都可看到墙壁的细缝中，长出了不知名的小树、小花、小草，还有更多攀爬类的植物。依实际状况，它们的生存环境应该算是很差的，没有土壤的培育，养分的供给，只靠雨水或露水维持生命。然而它们不仅存活得很好，而且枝叶茂盛，甚至爬满了整面的墙壁。由此观之，不管环境如何恶劣，只要我们有毅力，重新做起，就能创造生机，建设理想的家园，完成生活的目标。

每天晨起就给自己一个期望，当睁开眼睛之后，就想着我今天可以去做什么，并把它完成。活得有目标，做起事来，就会更加有劲，因为对自己所许下的心愿，任谁都会很乐意，并且很勤快地完成它。在工作的过程中，可以发觉乐趣、激发脑力，甚至产生更佳的创意，这都是我们能力的展现及潜能的发挥，也是我们自我理想的实现。生命的意义，并不一定要建立在丰功伟业上，任何一点小小的成果，都可以显示出生命的价值。

有一张图画，画中有一位老和尚阖着双眼在静坐，图下有两行字：

有人问："老和尚，您为什么能对世事看得这么清楚！"

老和尚回答："因为我闭着眼睛。"

人生如戏，我们自己是编剧、是导演、是演员，至于这出戏将如何停止演出，则完全掌握在我们自己的手心中。因此，只要我们能打开心窗，天、地、时、空就是我们最佳的舞台，也是我们最华美的布景。在这样的情境中，我们是否应该尽心尽力地舞出生命的活力，歌咏出生命雄伟的乐章？最佳主角的您还在等待吗？